化工基础实验

主　编　张兴晶　王继库
副主编　张伟娜　杜　娟

北京大学出版社
PEKING UNIVERSITY PRESS

内 容 简 介

本书全面结合化工基础理论内容而展开,借鉴最新化工基础实验研究成果,力求适应新世纪高等院校化学教育教学改革实践要求。本书分绪论和正文五章,绪论主要阐述了化工基础实验的重要意义、基本要求和实验课教学内容及教学方法,正文的内容包括实验室操作的基本知识、实验误差分析和数据处理、化工实验参数测量技术及常用仪器仪表的使用、计算机数据采集与仿真技术、实验部分等。本书实验内容详实,突出实践性和工程性,对学生进行实验研究、培养全方面的能力和素质,具有重要意义。

本书既可作为高等院校化学专业本、专科化工基础实验的教材,也可供相关科研人员参考。

为方便教师多媒体教学和读者学习,我们可提供与教材配套的相关内容的电子资源,需要者请电子邮件联系 xjzhang128@163.com。

图书在版编目(CIP)数据

化工基础实验/张兴晶,王继库主编.—北京:北京大学出版社,2013.3
ISBN 978-7-301-22262-1

Ⅰ.①化… Ⅱ.①张… ②王… Ⅲ.①化学工程-化学实验-高等学校-教材
Ⅳ.①TQ016

中国版本图书馆 CIP 数据核字(2013)第 042530 号

书　　　名:化工基础实验
著作责任者:张兴晶　王继库　主编
责 任 编 辑:郑月娥
标 准 书 号:ISBN 978-7-301-22262-1/O·0918
出 版 发 行:北京大学出版社
地　　　址:北京市海淀区成府路 205 号　100871
新 浪 微 博:@北京大学出版社
电 子 信 箱:zye@pup.pku.edu.cn
电　　　话:邮购部 62752015　发行部 62750672　编辑部 62767347　出版部 62754962
印 刷 者:北京宏伟双华印刷有限公司
经 销 者:新华书店
　　　　　787 毫米×1092 毫米　16 开本　10.75 印张　260 千字
　　　　　2013 年 3 月第 1 版　2019 年 8 月第 2 次印刷
定　　　价:30.00 元

前　言

本书根据教育部关于高等院校本科化学专业教学的基本要求和本课程的教学大纲编写而成，旨在完善化学专业学生的知识结构，提高学生应用化工基础理论解决生产实际问题以及学生动手操作的能力，开拓学生的实验思路，使学生掌握新的实验技术和方法、增强创新意识。

因此，本书力图摆脱传统实验指导书的模式，涉及的内容比较广泛。首先，为了使学生能安全成功地完成实验，在第一章提出一些化工实验中必须遵守的注意事项和必须具备的安全知识。其次，为使学生能在"化工基础"课堂教学后，尽快掌握化工基础实验的基础知识，在第二、三章将化工实验数据处理和实验常用的仪器、仪表等普通的基础性知识编入。再次，随着现代教育技术的发展以及各学科间交叉和综合的趋势，化工基础实验的教学内容、实验过程及数据处理与计算机技术相结合成为一个新的发展趋势，为使学生初步了解计算机仿真实验室，在第四章对计算机数据采集与仿真技术作了简单的介绍。最后，以多年完善后形成的化工基础实验指导讲义和设备为蓝本，在第五章编排了以培养学生实践能力为目的的化工基础实验。考虑到实验所涉及的物理参数较多，书中还附有部分常用流体的各种物理性质数据参照表。

本书绪论、第一章、第二章和第五章的实验九至实验十六由张兴晶编写，第三章、第四章和第五章的实验五至实验八由张伟娜编写，第五章的实验一至实验四由杜娟编写。全书由王继库和张兴晶统稿。由于作者水平有限，书中难免出现不妥之处，敬请读者给予指正，帮助本书日臻完善。在本书编写过程中参考了兄弟院校的有关资料，在此表示衷心的感谢。

编者

2012 年 11 月

目　　录

绪　　论

一、化工基础实验的重要意义

化学是一门实验科学。任何化学规律的发现和化学理论的建立,都必须以严格的实验为基础,并受实验的检验,所以化学实验是研究化学的重要手段和方法。

化工基础实验是高等师范院校化学专业学生进入大学时代最后阶段的实验课程,并且化工基础实验属于工程实验范畴,它不同于基础课程的实验。后者面对的是基础科学,采用的方法是理论的、严密的,处理的对象通常是简单的、基本的甚至是理想的,而工程实验面对的是复杂的实际问题和工程问题。对象不同,实验研究方法也必然不同。工程实验的困难在于变量多,涉及的物料千变万化,设备大小悬殊,实验工作量之大之难是可想而知的。因此,不能把处理一般物理实验的方法简单地套用于化工基础实验。数学模型方法和因次论指导下的实验研究方法是研究工程问题的两个基本方法,因为这两种方法可以非常成功地使实验研究结果由小见大、由此及彼地应用于大设备的生产设计上。

化工基础实验的另一目的是理论联系实际。化工由很多单元过程和设备组成,学生应该运用理论去指导并且能够独立进行化工单元的操作,应能在现有设备中完成指定的任务,并预测某些参数的变化对过程的影响。因此,通过化工基础实验的学习,能培养学生理论联系实际和实事求是的科学作风,严肃认真、一丝不苟的科学态度,知难而进、百折不挠的科学精神,善于观察、善于思考的科学习惯,有条不紊、周密准确的科学修养。

二、化工基础实验的基本要求

1. 实验研究方法及数据处理

(1)掌握处理化学工程问题的两种基本实验研究方法。一种是经验的方法,即应用因次论进行实验的规划;另一种是半经验半理论的方法或数学模型方法,掌握如何规划实验,检验模型的有效性和进行模型参数的估值。

(2)对于特定的工程问题,在缺乏数据的情况下,学会如何组织实验以及取得必要的设计数据。

2. 熟悉化工数据的基本测试技术

其中包括操作参数(例如:流量、温度、压强等)、设备特性参数(例如:阻力参数、传热系数、传质系数等)和特性曲线的测试方法。

3. 熟悉并掌握化工中典型设备的操作

了解影响操作的参数,能在现有设备中完成指定的工艺要求。能预测某些参数的变化对设备性能的影响,并知道应如何调整。

三、实验课教学内容及教学方法

1. 实验课的主要环节

通过实验课的教学应让学生掌握科学实验的全过程,此过程应包括:

(1) 实验前的准备;

(2) 进行实验操作;

(3) 正确记录和处理实验数据;

(4) 撰写实验报告。

以上四个方面是实验课的主要环节,认为实验课就是单纯进行实验"操作"的观点应该改变。

2. 典型的实验程序

为使学生对于实验有严肃的态度、严格的要求和严密的作风,我们推荐典型的实验程序如下:

(1) 认真阅读实验指导书和有关参考资料,了解实验目的和要求。

(2) 进行实验室现场预习。了解实验装置,摸清实验流程、测试点、操作控制点,此外还需了解所使用的检测仪器、仪表。

(3) 预先组织好 3～4 人的实验小组,实验小组讨论并拟订实验方案,预先作好分工,并写出实验的预习报告。预习报告的内容应包括:实验目的和内容;实验的基本原理及方案;实验装置及流程图;实验操作要点,实验数据的布点;设计原始数据的记录表格。预习报告应在实验前交给实验指导教师审阅,获准后学生方能参加实验。

(4) 进行实验操作,要求认真细致地记录实验原始数据。操作中应能进行理论联系实际的思考。

(5) 实验数据的处理,如果用计算机处理实验数据,则学生还须有一组手算的计算示例。

(6) 撰写实验报告。撰写实验报告是实验教学的重要组成部分,应避免单纯填写表格的方式,而应由学生自行撰写成文。实验报告的内容大致包括:实验目的和原理,实验装置;实验数据及数据处理;实验结果及讨论。

(7) 实验报告示例:

实 验 报 告

实验名称：_____　成绩_____

专业年级_____　　姓名_____　　学号_____　　电话和 Email _____

实验日期____年____月____日　　实验报告日期____年____月____日

一、实验目的、要求和原理

二、实验流程图、主要药品、试剂的理化常数

三、实验步骤

四、实验现象与数据

五、数据分析（误差分析、产率、回收率等）

六、实验结果

七、讨论或结论

指导教师签名_____

第一章 实验室操作的基本知识

化工实验与一般化学实验比较起来,有共同点,也有其本身的特殊性。为了安全成功地完成实验,除了每个实验的特殊要求外,在这里提出一些化工实验中必须遵守的注意事项和必须具备的安全知识。

1.1 实验注意事项

1. 启动设备前必须完成的工作

(1)泵、风机、压缩机、电机等转动设备,用手使其运转,从感觉及声响上判别有无异常,检查润滑油位是否正常;

(2)设备上各阀门的开、关状态;

(3)接入设备的仪表开、关状态;

(4)拥有的安全措施,如防护罩、绝缘垫、隔热层等。

2. 使用仪器仪表前必须做的工作

(1)熟悉原理与结构;

(2)掌握连接方法与操作步骤;

(3)分清量程范围,掌握正确的读数方法;

(4)接入电路前必须经教师检查。

3. 实验过程中的注意事项

(1)操作过程中注意分工配合,严守自己的岗位,精心操作。实验过程中,随时观察仪表指示值的变动,保证操作过程在稳定条件下进行。产生不符合规律的现象时要及时观察研究,分析其原因,不要轻易放过。

(2)操作过程中设备及仪表发生问题,应立即按停车步骤停车,并报告指导教师。同时应自己分析原因供教师参考。未经教师同意不得自己处理。在教师处理问题时,学生应了解其过程,这是学习分析问题与处理问题的好机会。

(3)实验结束时应先将有关的电源、水源、气源、仪表的阀门或电源关闭,然后再切断电机电源。

1.2 化工材料安全知识

为了确保设备和人身安全,从事化工基础实验的实验者必须具备以下安全知识。

1. 危险化学品分类

危险化学品是化学品中具有易燃、易爆、有毒、有害及有腐蚀特性,受到摩擦、撞击、震动,接触热源或火源,日光暴晒,遇水受潮,遇性能相抵触的物品等外界条件的作用下,会对人员、设施、环境造成伤害或损害的化学品。危险化学品危害如此之大，因此，实验室常用的危险品必须合理分类存放。根据 GB 13690—92《常用危险化学品分类及标志》，国家将危险化学品分为以下几种类型：

（1）爆炸品

爆炸品指在外界作用下，能发生剧烈的化学反应，瞬时产生大量的气体和热量，使周围压力急剧上升，发生爆炸，对周围环境造成破坏的物品。常见的爆炸性物品有硝酸铵（硝铵炸药的主要成分）、雷酸盐、重氮盐、三硝基甲苯（TNT）和其他含有三个硝基以上的有机化合物等。这类化合物对热和机械作用（研磨、撞击等）很敏感，爆炸威力都很强，特别是干燥的爆炸物爆炸时威力更强。

（2）压缩气体和液化气体

压缩气体和液化气体指压缩、液化或加压溶解的气体。其特点是易燃易爆、易扩散、可压缩、腐蚀毒害、氧化性、窒息性。该类物品有三种：① 可燃性气体（氢气、乙炔、甲烷、煤气等）；② 助燃性气体（氧气、氯气等）；③ 不燃性气体（氮气、二氧化碳等）。

（3）易燃液体

易燃液体指易燃的液体、液体混合物、含有固体物的液体。易燃液体在有机化工实验室内大量接触，容易挥发和燃烧，达到一定浓度遇明火即着火。若在密封容器内着火，甚至会造成容器超压破裂而爆炸。易燃液体的蒸气一般比空气重，当它们在空气中挥发时，常常在底处或地面上漂浮。因此，可能在距离存放这种液体的地面相当远的地方着火，着火后容易蔓延并回传，引燃容器中的液体。所以，使用这种物品时必须严禁明火，远离电热热备和其他热源，更不能同其他危险品放在一起，以免引起更大危害。

（4）易燃固体

松香、石蜡、硫、镁粉、铝粉等都属于易燃固体。它们不自燃，但易燃，燃烧速度一般较快。这类固体若以粉末悬浮物分散在空气中，达到一定浓度时，遇有明火就可能发生爆炸。

（5）自燃物品

带油污的废纸、废橡胶、硝化纤维、黄磷等，都属于自燃性物品。它们在空气中能因逐渐氧化而自燃，如果热量不能及时散失，温度会逐渐升高到该物品的燃点，发生燃烧。因此，对这类自燃性废弃物，不要在实验室内堆放，应当及时清理，以防意外。

（6）遇湿易燃物品

钾、钙、钠等轻金属遇水时能产生氢气和大量的热，以至发生爆炸。电石遇水能产生乙炔和大量的热，即使冷却有时也能着火，甚至会引起爆炸。

（7）氧化剂和有机过氧化物

氧化剂是具有强氧化性、易分解并放出氧气和热量的物质。氧化剂包括高氯酸钾、氯酸盐、次氯酸盐、过氧化物、过硫酸盐、高锰酸盐、铬酸盐及重铬酸盐、硝酸盐、溴酸盐、碘酸盐、亚硝酸盐等。它本身一般不能燃烧，但在受热、受阳光照射或其他物品（酸、水等）作用时，能产生氧气，起助燃作用并造成猛烈燃烧。

有机过氧化物是分子组成中含有过氧基的有机物，对热、震动或摩擦极为敏感。

（8）有毒品

有毒品就是进入机体后，累积达一定的量，会扰乱或破坏机体的正常生理功能，引起某些器官和系统暂时性或持久性的病理改变,甚至危及生命的物品。其中毒途径有误服、吸入呼吸道或者皮肤被沾染等。其中有的蒸气有毒,如汞;有的固体或液体有毒,如钡盐、农药。根据毒品对人身的危害程度,分为剧毒药品(氰化钾、砒霜等)和有毒药品(农药等)。使用这类物质应十分小心,以防止中毒。

(9)腐蚀性物品

腐蚀品是能灼伤人体组织并对金属等物品造成损坏的固体或液体。这类物品有强酸、强碱,如硫酸、盐酸、氢氟酸、苯酚、氢氧化钾、氢氧化钠等。它们对皮肤和衣服都有腐蚀作用。特别是在浓度和温度都较高的情况下,作用更甚。使用时防止与人体(特别是眼睛)和衣服直接接触。

2. 危险化学品的安全使用

(1)应根据危险化学品的使用情况制订不同的管理等级。剧毒、易爆药品的使用必须由教师填写领用单,经学校领导批准。其他危险药品的领用必须由教师填写领用单,经教研组长批准。

(2)剧毒、易爆药品的领用单应作存档,其他危险化学药品的领用单应至少保存一个学期。

(3)危险化学药品使用后的残余量应交回危险化学药品储存处,并作登记。已经改变性状、不再属于危险化学品范围的化学药品(例如:浓硫酸已稀释为稀硫酸),则不再需要遵照危险化学品管理规则进行管理。

1.3 高压钢瓶的正确使用

在化工实验中,另一类需要引起特别注意的东西,就是各种高压气体。高压钢瓶是一种储存各种压缩气体或液化气体的高压容器。钢瓶容积一般为 40~60 L,最高工作压力为 15 MPa,最低的也在 0.6 MPa 以上。钢瓶压力很高,以及储存的某些气体本身又有毒或易燃易爆,因此,正确认识和使用高压钢瓶是非常必要的。

1. 高压钢瓶规格及识别

(1)标准高压钢瓶是按国家标准制造的,并经有关部门严格检验方可使用。各种高压钢瓶使用过程中,还必须定期送有关部门进行水压试验。一般情况下,高压钢瓶型号、规格(按工作压力分类)如表 1-1 所示。

表 1-1　高压钢瓶型号和规格

钢瓶型号	用　　途	工作压力(Pa)	试验压力(Pa)	
			水压试验	气压试验
150	装 O_2、H_2、N_2、CH_4、压缩空气及惰性气体等	$1.47×10^7$	$2.21×10^7$	$1.47×10^7$
125	装 CO_2 等	$1.18×10^7$	$1.86×10^7$	$1.18×10^7$
30	装 NH_3、Cl_2、光气、异丁烷等	$2.94×10^6$	$5.88×10^6$	$2.94×10^6$
6	装 SO_2 等	$5.88×10^5$	$1.18×10^6$	$5.88×10^5$

(2)各种高压钢瓶的表面都涂有一定颜色的油漆,其目的不仅是为了防锈,主要是能

从颜色上迅速辨别钢瓶中所储存气体的种类，以免混淆。常用的各类高压钢瓶的颜色及其标识如表 1-2 所示。

表 1-2　常用的各类钢瓶的颜色及其标识

气体类别	瓶身颜色	标字颜色	字　样
氮气	黑	黄	氮
氧气	天蓝	黑	氧
氢气	深蓝	红	氢
压缩空气	黑	白	压缩空气
二氧化碳	黑	黄	二氧化碳
氦	棕	白	氦
液氨	黄	黑	氨
氯	草绿	白	氯
乙炔	白	红	乙炔
氟氯烷	铝白	黑	氟氯烷
石油气体	灰	红	石油气
粗氩气体	黑	白	粗氩
纯氩气体	灰	绿	纯氩

2. 气体减压阀的构造及正确使用

气体钢瓶充气后，压力可达 150×101.3 kPa，使用时必须用气体减压阀。其构造如图 1-1 所示。其结构原理如图 1-2 所示。当顺时针方向旋转手柄 1 时，压缩主弹簧 2，作用力通过弹簧垫块 3、薄膜 4 和顶杆 5 使活门 9 打开，这时进口的高压气体（其压力由高压表 7 指示）由高压室经活门调节减压后进入低压室（其压力由低压表 10 指示）。当达到所需压力时，停止转动手柄，开启供气阀，将气体输到受气系统。

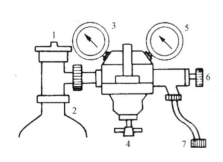

图 1-1　氧气压力表
1—钢瓶总阀门　2—氧气表与钢瓶连接螺旋
3—总压力表　4—调压阀门　5—分压力表
6—供气阀门　7—接氧弹进气口螺旋

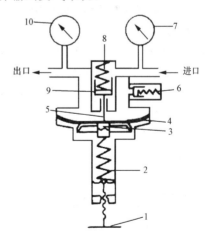

图 1-2　气体减压工作原理示意图
1—旋转手柄　2—压缩主弹簧　3—弹簧垫块
4—薄膜　5—顶杆　6—安全阀　7—高压表
8—压缩弹簧　9—活门　10—低压表

停止用气时,逆时针旋松手柄 1,使主弹簧 2 恢复原状,活门 9 由压缩弹簧 8 的作用而密闭。当调节压力超过一定允许值或减压阀出故障时,安全阀 6 会自动开启排气。

安装减压阀时,应先确定尺寸规格是否与钢瓶和工作系统的接头相符,用手拧满螺纹后,再用扳手上紧,防止漏气。若有漏气,应再旋紧螺纹或更换皮垫。

在打开钢瓶总阀 1 之前(见图 1-1 氧气压力表),首先必须仔细检查调压阀门 4 是否已关好(手柄松开是关)。切不能在调压阀 4 处在开放状态(手柄顶紧是开)时,突然打开钢瓶总阀 1,否则会出事故。只有当手柄松开(处于关闭状态)时,才能开启钢瓶总阀 1,然后再慢慢打开调压阀门。

停止使用时,应先关钢瓶总阀 1,到压力表指针下降到零时,再关调压阀门 4(即松开手柄)。

3. 高压钢瓶使用注意事项

为了确保安全,必须注意以下几点:

(1)当钢瓶受到明火或阳光等热辐射的作用时,气体因受热而膨胀,使瓶内压力增大。当压力超过工作压力时,就有可能发生爆炸。因此,钢瓶应放在阴凉,远离电源、热源(如阳光、暖气、炉火等)的地方,并加以固定。可燃性气体钢瓶必须与氧气钢瓶分开存放。

(2)钢瓶即使在温度不高的情况下受到猛烈撞击,或不小心将其碰倒跌落,都有可能引起爆炸。因此,搬运钢瓶时要戴上瓶帽、橡皮腰圈。要轻拿轻放,不要在地上滚动,避免撞击和突然摔倒。

(3)高压钢瓶必须要安装好减压阀后方可使用。一般情况下,可燃性气体钢瓶上阀门的螺纹为反扣的(如氢、乙炔),不燃性或助燃性气瓶(如 N_2、O_2)为正丝。各种减压阀绝不能混用。

(4)开、闭气阀时,操作人员应避开瓶口方向,站在侧面并缓慢操作,防止万一阀门或压力表冲出伤人。

(5)氧气瓶的瓶嘴、减压阀都严禁沾污油脂。在开启氧气瓶时还应特别注意手上、工具上不能有油脂,扳手上的油应用酒精洗去,待干后再使用,以防燃烧和爆炸。

(6)氧气瓶与氢气瓶严禁在同一实验室内使用。

(7)钢瓶内气体不能完全用尽,应保持在 0.05 MPa 表压以上的残留压力,以防重新灌气时发生危险。

(8)钢瓶须定期送交检验,合格钢瓶才能充气使用。

1.4　实验室消防知识

实验操作人员必须了解消防知识,实验室内应准备一定数量的消防器材,工作人员应熟悉消防器材的存放位置和使用方法,绝不允许将消防器材移作他用。实验室常用的消防器材包括以下几种。

1. 砂箱

易燃液体和其他不能用水灭火的危险品,着火时可用砂子来扑火。它能隔断空气并起降温作用而灭火。但砂中不能混有可燃性杂物,并且要干燥。潮湿的砂子遇火后因水分蒸发,致使燃着的液体飞溅。砂箱存砂有限,实验室内又不能存放过多砂箱,故这种灭火工具只能扑灭局部小规模的火源。对于不能覆盖的大面积火源,因砂量太少而作用不大。此外,还可用不燃性固体粉末灭火。

2. 石棉布、毛毡或湿布

这些器材适用于迅速扑灭火源区域不大的火灾,也是扑灭衣服着火的常用方法。其原理是隔绝空气达到灭火的目的。

3. 泡沫灭火器

泡沫灭火器一般分为手提式泡沫灭火器、推车式泡沫灭火器和空气式泡沫灭火器。实验室多用手提式泡沫灭火器(图 1-3),它的外壳用薄钢板制成,内有一个玻璃胆,其中盛有硫酸铝。胆外装有碳酸氢钠和发泡剂(甘草精)。灭火液由 50 份硫酸铝和 50 份碳酸氢钠及 5 份甘草精组成。使用时将灭火器倒置,马上发生化学反应生成含 CO_2 的泡沫。

图 1-3　手提式泡沫
灭火器

$$6NaHCO_3 + Al_2(SO_4)_3 \Longrightarrow 3Na_2SO_4 + Al_2O_3 + 3H_2O + 6CO_2$$

此泡沫粘附在燃烧物表面上,形成与空气隔绝的薄层而达到灭火目的。它适用于扑灭实验室的一般火灾。油类着火在开始时可使用,但不能用于扑灭电线和电器设备火灾。因为泡沫本身是导电的,这样会造成扑火人触电事故。

4. 四氯化碳灭火器

此灭火器是在钢管内装有四氯化碳并压入 0.7 MPa 的空气,使灭火器具有一定的压力。使用时将灭火器倒置,旋开手阀即喷出四氯化碳。它是不燃液体,其蒸气比空气重,能覆盖在燃烧物表面与空气隔绝而灭火。它适用于扑灭电器设备的火灾。但使用时要站在上风侧,因四氯化碳是有毒的。室内灭火后应打开门窗通风一段时间,以免中毒。

5. 二氧化碳灭火器

钢筒内装有压缩的二氧化碳,使用时旋开手阀,二氧化碳就能急剧喷出,使燃烧物与空气隔绝,同时降低空气中含氧量。当空气中含有 $12\% \sim 15\%$ 的二氧化碳时,燃烧即停止。但使用时要注意防止现场人员窒息。

6. 其他灭火剂

干粉灭火剂可扑灭易燃液体、气体、带电设备引起的火灾。1211 灭火器适用于扑救油类、电器类、精密仪器等火灾。在一般实验室内使用不多,对大量使用可燃物的实验场所应备用此类灭火器。

1.5　实验的基本要求

1. 实验准备工作

实验前必须认真预习实验教材和化工基础教材有关章节,仔细了解所做实验的目的、要求、方法和基本原理。在全面预习的基础上写出预习报告(内容包括:目的、原理、实验方案及预习中的问题),并准备好实验记录表格。

进入实验室后,要对实验装置的流程、设备结构、测量仪表作细致的了解,并认真思考实验操作步骤、测量内容与测定数据的方法。对实验预期的结果、可能发生的故障和方法排除,作一些初步的分析和估计。

实验开始前,小组成员应进行适当分工,明确要求,以便实验中协调工作。设备启动前要检查、调整设备进入启动状态,然后再送电、送水或蒸汽之类,启动操作。

2. 实验操作、观察与记录

设备的启动与操作,应按教材说明的程序逐项进行,对压力、流量、电压等变量的调节和控制要缓慢进行,防止剧烈波动。

在实验过程中,应全神贯注地精心操作,要详细观察所发生的各种现象,例如物料的流动状态等,这将有助于对过程的分析和理解。

实验中要认真仔细地测定数据,将数据记录在规定的表格中。对数据要判断其合理性,在实验过程中如遇数据重复性差或规律性差等情况,应分析实验中的问题,找出原因加以解决。必要的重复实验是需要的,任何草率的学习态度都是有害的。

做完实验后,要对数据进行初步检查,查看数据的规律性,有无遗漏或记错,一经发现应及时补正。实验记录应请指导教师检查,同意后再停止实验并将设备恢复到实验前的状态。

实验记录是处理、总结实验结果的依据。实验应按实验内容预先制作记录表格,在表格中应记下各次物理量的名称、表示符号及单位。在实验过程中认真做好实验记录,并在实验中逐渐养成良好的记录习惯。记录应仔细认真,整齐清楚。要注意保存原始记录,以便核对。以下是几点参考意见:

(1)每位实验者都应有一专用实验记录本,不应随意拿一张纸或实验讲义空白处来记录。

(2)实验时一定要等现象稳定后再开始读取数据,条件改变后,要稍微等一会才能读取数据,这是因为条件的改变破坏了原来的稳定状态,重新建立稳态需要一定时间(有的实验甚至要花很长时间才能达到稳定),而仪表通常又有滞后现象的缘故。

(3)每个数据记录后,应该立即复核,以免发生读错或记错数字等错误。

(4)数据的记录必须反映仪表的精确度,一般要记录至仪表上最小分度以下一位数。例如温度计的最小分度为 1℃,如果当时的温度读数为 20.5℃,则不能记为 20℃;又如刚好是 20℃,那应该记录为 20.0℃。

(5)记录数据应是直接读取原始数值,不要经过运算后再记录。例如秒表读数 1 分 12 秒,就应记为 $1'12''$,不要记为 $72''$。又如 U 形管压差计两臂液柱高差,应分别读数记录,不应只读取或记录液柱的差值,或只读取一侧液柱的变化乘以 2。

(6)记录数据要以实验当时的实验读数为准,不要凭主观臆测修改记录数据,也不要随意舍弃数据。对可疑数据,除有明显原因,如读错、误记等情况使数据不正常而可以舍弃之外,一般应在数据处理时检查处理。数据处理时可以根据已学知识,如热量衡算或物料衡算为根据,或根据误差理论舍弃原则来进行。

3. 实验数据的整理

数据整理时应根据有效数字的运算规则,舍弃一些没有意义的数字。一个数字的精确度是由其测量仪表本身的精确度决定的,它绝不因为计算时位数增加而提高。但是,任意减少位数也是不许可的,因为这样做就降低了应有的精确度。

数据整理时,如果过程比较复杂,实验数据又多,一般以采用列表整理法为宜,同时应将同一项目一次整理。这种整理方法既简洁明了,又节省时间。

计算示例。在所列表的下面要给出计算示例,即任取一列数据进行详细的计算,以便检查。

4. 实验报告的编写

实验结束后,应及时处理数据,按实验要求,认真地完成报告的整理编写工作。实验报告是实验工作的总结,编写组织报告也是学生工作能力的培养,因此要求学生各自独立完成这项工作。报告内容一般包括:

(1) 实验题目;

(2) 写报告人及同实验小组人员的姓名;

(3) 实验目的或任务;

(4) 实验基本原理;

(5) 实验设备说明(应包括流程示意图和主要设备、仪表的类型及规格);

(6) 原始数据记录;

(7) 数据整理方法及计算示例,实验结果可以用列表、图形曲线或经验公式表示;

(8) 分析讨论,要对本次实验结果做出评价,分析误差大小及原因,对实验中发现的问题应作讨论,对实验方法、实验设备有何改进建议也可写入此栏。

参考文献

[1] 王建成,卢燕,陈振.化工原理实验[M].上海:华东理工大学出版社,2007.

[2] 徐伟.化工原理实验[M].济南:山东大学出版社,2008.

[3] 张金利,张建伟,郭翠梨,胡瑞杰.化工原理实验[M].天津:天津大学出版社,2005.

[4] 魏静莉,主编.化工原理实验[M].北京:国防工业出版社,2003.

第二章　实验误差分析和数据处理

2.1　实验数据的误差分析

通过实验测量所得大批数据是实验的初步结果,但在实验中,由于实验方法和实验设备的不完善,测量仪表和人的观察的偏差以及环境因素的影响,所得实验数据与被测的真值之间不可避免地存在差异,此种差异即为实验数据的误差。

误差估算与分析的目的是评定实验数据的准确性,通过误差估算和分析,可以认清误差的来源及其影响,并设法排除数据中所包含的无效成分,还可进一步改进实验方案。在实验中注意哪些是影响实验的主要方面,这对正确地组织实验方法、正确评判实验结果和设计方案,从而提高实验的精确性具有重要的指导意义。

目前对误差应用和理论发展日益深入和扩展,涉及内容非常广泛,本章就化工基础实验中常遇到的一些误差基本概念与估算方法作一扼要介绍。

2.1.1　实验数据的误差

1. 实验数据的测量

实验数据一般可通过两种途径获得:一是直接从测量仪器上读取,此种数据为直接测量值,例如,用米尺测量的长度,用秒表计的时间,用温度计、压力表测量的温度和压强等;二是以直接测量的数据为依据,利用一定的函数关系式通过计算求得的测量结果,此种数据为间接测量值,例如,测定圆锥体体积时,先直接测量下底直径 D 和高度 H,再用公式 $V = \pi D^2 H / 12$ 计算出体积 V,其中 D, H 是直接测量值,V 是间接测量值。化工基础实验中多数测量值均为间接测量值。

2. 真值和平均值

真值是指某物理量客观存在的确定值。严格地讲,由于测量仪器、测量方法、环境、人的观察力、测量程序等都不可能完美无缺,实验误差难以避免,故真值是无法测得的,是一个理想值。科学实验中真值的定义是:设在测量中测量次数为无限多,根据误差分布定律,正负误差出现的概率应相等,故将各观察值相加,加以平均,在无系统误差的情况下,可能获得极近于真值的数值。故"真值"在现实中是指测量次数无限多时,所求得的平均值(或是写入文献书册中所谓的"公认值")。然而对工程实验而言,观察的次数都是有限的,故用有限测量次数求出的平均值,只能是近似真值,或称为最佳值。一般我们称这一最佳值为平均值。常用的平均值有以下几种。

(1) 算数平均值($\bar{x}$)

设 $x_1, x_2, \cdots, x_n$ 为各次测量值,n 为测量次数,则算术平均值为

$$\bar{x} = \frac{x_1 + x_2 + \cdots + x_n}{n} = \frac{1}{n} \sum_{i=1}^{n} x_i \tag{2-1}$$

算数平均值是最常用的一种平均值,凡测量值的分布服从正态分布时,可以证明算数平均值即为一组等精度测量的最佳值或最可信赖值。

(2) 均方根平均值(x_s)

$$x_s = \sqrt{\frac{x_1^2 + x_2^2 + \cdots + x_n^2}{n}} = \sqrt{\frac{\sum\limits_{i=1}^{n} x_i^2}{n}} \qquad (2\text{-}2)$$

(3) 几何平均值(x_c)

$$x_c = \sqrt[n]{x_1 x_2 \cdots x_n} \qquad (2\text{-}3)$$

(4) 对数平均值(x_l)

设有两个量 x_1, x_2,则其对数平均值为

$$x_l = \frac{x_1 - x_2}{\ln(x_1/x_2)} \qquad (2\text{-}4)$$

两个量的对数平均值总小于算术平均值。若 $1 < \frac{x_1}{x_2} < 2$ 时,可用算术平均值代替对数平均值,引起的误差不超过 4.4%。

以上所介绍的各种平均值,都是在不同场合想从一组测量值中找出最接近于真值的量值。平均值的选择主要取决于一组测量值的分布类型,在化工实验和科学研究中,数据的分布一般为正态分布,故常采用算术平均值。

3. 实验数据的误差来源及分类

误差是实验测量值(包括间接测量值)与真值(客观存在的准确值)的差别。根据误差的性质及产生的原因,可将误差分为系统误差、随机误差和过失误差三种。

(1) 系统误差

系统误差是由于测量仪器不良,如刻度不准,零点未校准;或测量环境不标准,如温度、压力、风速等偏离校准值;或实验人员的习惯和偏向等因素所引起的误差。这类误差在一系列测量中,大小和符号不变或有固定的规律,经过精确的校正可以消除。

(2) 随机误差(偶然误差)

随机误差由一些不易控制的因素引起,如测量值的波动、实验人员熟练程度及感官误差、外界条件的变动、肉眼观察欠准确等一系列问题。这类误差在一系列测量中的数值和符号是不确定的,而且是无法消除的,但它服从统计规律,所以可以被发现并且予以定量。实验数据的准确度主要取决于这些偶然误差。因此,它具有决定意义。

(3) 过失误差

过失误差主要是由实验人员粗心大意,如读数错误、记录错误或操作失误所致。这类误差往往与正常值相差很大,应在整理数据时加以剔除。

总之,只有校正了系统误差,控制了偶然误差和没有过失误差,测定结果才可靠。

4. 误差的表示方法

(1) 绝对误差(d)

某物理量在一系列测量中,某次测量值与其真值之差的绝对值为绝对误差。实际工作中常以最佳值代替真值,测量值与最佳值之差称残余误差,习惯上也称为绝对误差,有

$$d = |A - x_i| \approx |x_i - \bar{x}| \qquad (2\text{-}5)$$

式中,d—绝对误差;

    A—真值;

    x_i—第 i 个测量值;

    $\bar{x}$—平均值。

另外,有最大绝对误差 d_{max} 的提法。如果某物理量的最大测量值 x_1 和最小测量值 x_2 已知,则可通过下式求出最大绝对误差 d_{max}:

$$d_{max} = \frac{x_1 - x_2}{2} \qquad (2\text{-}6)$$

【例 2-1】 已知炉中的温度不高于 1200 ℃,不低于 1190 ℃,试求出其最大绝对误差 d_{max} 与平均值 $\bar{T}$。

解   平均温度 $\bar{T} = \dfrac{1200 + 1190}{2} = 1195\,℃$

        最大绝对误差 $d_{max} = \dfrac{1200 - 1190}{2} = 5\,℃$

顺便指出,任何量的绝对误差和最大绝对误差都是正数,其单位与实验数据的单位相同。

绝对误差虽很重要,但仅用它还不足以说明测量的准确程度。换句话说,它还不能给出测量准确与否的完整概念。此外,有时测量得到相同的绝对误差,却可能导致准确度完全不同的结果。例如,要判别称重的好坏,单单知道最大绝对误差等于 1 g 是不够的。因为如果所称量物体本身的质量有几十千克,那么,绝对误差 1 g,表明此称量的质量是高的;同样,如果所称量的物体本身仅有 2～3 g,那么,这又表明此次称量的结果毫无用处。

显而易见,为了判断测量的准确度,必须将绝对误差与所测量值的真值相比较,即求出其相对误差,才能说明问题。

(2) 相对误差(e)

绝对误差与真值(或近似地与平均值)的绝对值之比,称为相对误差,它的表达式为

$$e = \frac{d}{|A|} \approx \frac{d}{\bar{x}} \times 100\% \qquad (2\text{-}7)$$

式中,e—相对误差;

    d—绝对误差;

    $|A|$—真值的绝对值;

    $\bar{x}$—平均值。

【例 2-2】 分别称量质量为 1 kg 和 1 g 的物体,称量的绝对误差为 1 g,求相对误差。

解   根据式(2-7)得

$$e_1 = \frac{d}{|A|} = \frac{1}{1000} \times 100\% = 0.1\%$$

$$e_2 = \frac{d}{|A|} = \frac{1}{1} \times 100\% = 100\%$$

所以,质量为 1 g 的物体测量准确度很差,不能接受。

（3）算数平均误差（δ）

δ 是一系列测量值的误差绝对值的算数平均值，是表示一系列测定值误差的较好方法之一，有

$$\delta = \frac{\sum |x_i - \bar{x}|}{n} = \frac{\sum |d_i|}{n} \tag{2-8}$$

式中，δ—算数平均误差；

$\quad$ x_i—测量值，$i=1,2,3,\cdots,n$；

$\quad$ $\bar{x}$—平均值；

$\quad$ d_i—绝对误差。

（4）标准误差（σ）

在有限次测量中，标准误差可用下式表示：

$$\sigma = \sqrt{\frac{\sum (x_i - \bar{x})^2}{n-1}} = \sqrt{\frac{\sum d_i^2}{n-1}} \tag{2-9}$$

标准误差是目前最常用的一种表示精确度的方法，它不但与一系列测量值中的每个数据有关，而且对其中较大的误差或较小的误差敏感性很强，能较好地反映实验数据的精确度。实验愈精确，其标准误差愈小。

5. 精确度和准确度

测量的质量和水平，可用误差的概念来体现，也可用精确度和准确度等概念来描述。为了指明误差的来源和性质，通常用以下两个概念。

（1）精确度

精确度用于衡量某个被测变量进行几次测量得到的测量值的一致性，即实验结果的重复性。它可以反映随机误差对测量值的影响程度。

（2）准确度

准确度指测量结果与真值偏离的程度。它可以反映系统误差和随机误差综合影响的程度。

精确度和准确度的区别，可以用打靶来比喻，见图 2-1。图 2-1（a）的系统误差小，随机误差大，精确度低；（b）的系统误差大，随机误差小，精确度高，准确度低；（c）的系统误差和随机误差都小，精确度和准确度均较高。由此可见，实验测得的精确度高，不能说明其准确度也高，但准确度高时，测量结果的精确度也一定高。

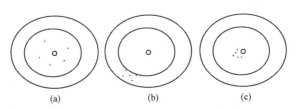

图 2-1　精确度和准确度含义示意图

2.1.2　实验数据的计算

1. 有效数据及有效数字运算规则

（1）有效数据

实验中测定的温度、流量、压力等是一类有单位的数据。这类数据的特点是，除了具有特定的单位外，其最后一位数字往往是由仪表的精度所决定的估计数字。如温度计的最小分度为 1℃时，其有效数字可取至 1℃以下一位数。如某温度可读至 20.6℃，最后一位数字是一位带有误差的估计数，其余数为准确数。有效数为三位，含有一位估计数。通过测量某一参数，一般均可估计到最小分度的十分位。估计误差不超过最小分度的 ±0.5，按此记下为有效数据。

（2）有效数字及其表示

在实验中无论是直接测量的数据或是计算结果，到底用几位有效数字加以表示，这是一项很重要的事。数据中小数点的位置在前或在后，仅与所用的测量单位有关。例如 762.5 mm，76.25 cm，0.7625 m 这三个数据，其准确度相同，但小数点的位置不同。另外，在实验测量中所使用的仪器仪表只能达到一定的准确度，因此，测量或计算的结果不可能也不应该超越仪器仪表所允许的准确度范围。如上述的长度测量中，若标尺的最小分度为 1 mm，其读数可以读到 0.1 mm（估计值），故数据的有效数字是四位。

实验数据（包括计算结果）的准确度取决于有效数字的位数，而有效数字的位数又由仪器仪表的准确度来决定。换言之，实验数据的有效数字位数必须反映仪表的准确度和存在疑问的数字位置。

在判别一个已知数有几位有效数字时，应注意非零数字前面的零不是有效数字。例如长度为 0.00234 m，前面的三个零不是有效数字，它与所用单位有关，若用 mm 为单位，则为 2.34 mm，其有效数字为三位。非零数字后面用于定位的零也不一定是有效数字。如 1010 是四位还是三位有效数字，取决于最后面的零是否用于定位。为了明确地读出有效数字位数，应该用科学计数法，写成一个小数与相应的 10 的幂的乘积。若 1010 的有效数字为四位，则可写成 1.010×10^3。有效数字为三位的数 360000 可写成 3.60×10^5，0.000388 可写成 3.88×10^{-4}。这种计数法的特点是，小数点前面永远是一位非零数字，"×"乘号前面的数字都为有效数字。这种科学计数法表示的有效数字，位数就一目了然了。

【例 2-3】　给出 0.0044，0.004400，8.700×10^3，8.7×10^3，1.000 和 3800 的有效数字位数。

解

数	有效数字位数
0.0044	2
0.004400	4
8.700×10^3	4
8.7×10^3	2
1.000	4
3800	可能是 2 位，也可能是 3 位或 4 位

（3）有效数字的运算规则

有效数字的运算总的原则是,除遵守数学运算法则外,还规定,准确数字与准确数字的运算结果仍为准确数字,存疑数字与任何数字的运算结果均为存疑数字。

① 加减法

先按小数点后位数最少的数据保留其他各数的位数,再进行加减计算,计算结果也使小数点后保留相同的位数。

【例 2-4】　计算 $50.1+1.45+0.5812＝?$

解　修约为：$50.1+1.4+0.6＝52.1$

先修约,结果相同而计算简捷。

【例 2-5】　计算 $12.43+5.765+132.812＝?$

解　修约为：$12.43+5.76+132.81＝151.00$

注意：用计算器计算后,屏幕上显示的是 151,但不能直接记录,否则会影响以后的修约；应在数值后添两个 0,使小数点后有两位有效数字。

② 乘除法

先按有效数字最少的数据保留其他各数,再进行乘除运算,计算结果仍保留相同有效数字。

【例 2-6】　计算 $0.0121×25.64×1.05782＝?$

解　修约为：$0.0121×25.6×1.06＝?$

计算后结果为：0.3283456,结果仍保留为三位有效数字。

记录为：$0.0121×25.6×1.06＝0.328$

注意：用计算器计算结果后,要按照运算规则对结果进行修约。

【例 2-7】　计算 $2.5046×2.005×1.52＝?$

解　修约为：$2.50×2.00×1.52＝?$

计算器计算结果显示为 7.6,只有两位有效数字,但我们抄写时应在数字后加一个 0,保留三位有效数字。

$$2.50×2.00×1.52＝7.60$$

综上例题运算得知,有效数字的运算规则为：

● 当几个有效数字相加或相减时,其结果的有效数字末位的量级与参加运算的有效数字中可疑数字量级最大者相同；

● 当几个有效数字相乘或相除时,其结果的有效数字位数一般与参加运算的各数中有效数字位数最少者相同。

③ 对数运算

在对数运算中,其对数位数保持与真数有效数字位数一致。

④ 平均值计算

四个或四个以上的数值计算平均值,其平均值有效数字位数可增加一位。

（4）数字舍入规则

对于位数很多的近似数,当有效位数确定后,应将多余的数字舍去。舍去多余数字常用四舍五入法。这种方法简单、方便,适用于舍、入操作不多且准确度要求不高的场合，因为这种方法大于 5 就入，易使所得数据偏大。

下面介绍新的舍入规则：

① 若舍去部分的数值，大于保留部分的末位的半个单位，则末位加 1。

② 若舍去部分的数值，小于保留部分的末位的半个单位，则末位不变。

③ 若舍去部分的数值，等于保留部分的末位的半个单位，则末位凑成偶数。换言之，当末位为偶数时，则末位不变；当末位为奇数时，则末位加 1。

【例 2-8】　将以下数据保留四位有效数字：3.14159，2.71729，2.51050，3.21567，5.6235，6.378501，7.691499。

解　　3.14159　→　3.142　　　　　　　5.6235　　　→　5.624

　　　2.71729　→　2.717　　　　　　　6.378501　→　6.379

　　　2.51050　→　2.510　　　　　　　7.691499　→　7.691

　　　3.21567　→　3.216

在四舍五入法中，是舍是入只看舍去部分的第一位数字。在新的舍入方法中，是舍是入应看整个舍去部分数值的大小。新的舍入方法的科学性在于：将"舍去部分的数值恰好等于保留部分末位的半个单位"的这一特殊情况，进行特殊处理，根据保留部分末位是否为偶数来决定是舍还是入。因为偶数、奇数出现的概率相等，所以舍、入概率也相等。在大量运算时，这种舍入方法引起的计算结果对真值的偏差趋于零。

（5）直接测量值的有效数字

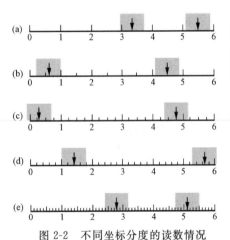

图 2-2　不同坐标分度的读数情况

直接测量值的有效数字主要取决于读数时能读到哪一位。如一支 50 mL 的滴定管，它的最小刻度是 0.1 mL，因读数只能读到小数点后第 2 位，如 30.24 mL 时，有效数字是四位。若管内液面正好位于 30.2 mL 刻度上，则数据应记为 30.20 mL，仍然是四位有效数字（不能记为 30.2 mL）。在此，所记录的有效数字中，必须有一位而且只能是最后一位是在一个最小刻度范围内估计读出的，而其余的几位数是从刻度上准确读出的。由此可知，在记录直接测量值时，所记录的数字应该是有效数字，其中应保留且只能保留一位是估计读出的数字。

如果最小刻度不是 1（或 $1 \times 10^{\pm n}$）个单位，如图 2-2 所示，其读数方法可按表 2-1 的方法来读。

表 2-1　图 2-2 中各种情况的读数方法

图 2-2 中编号	读数		绝对误差 d	有效数字位数
	R_A	R_B		
(a)	3.3	5.5	0.5	2
(b)	0.6	4.5	0.25(0.3)	1～2
(c)	0.3	4.75(4.8)	0.2	1～2
(d)	1.4	5.7	0.1	2
(e)	2.80	5.11	0.05	3

(6) 非直接测量值的有效数字

① 参加运算的常数 π,e 的数值以及某些因子如 $\sqrt{2}$,1/3 等的有效数字,取几位为宜,原则上取决于计算所用的原始数据的有效数字的位数。假设参与计算的原始数据中,位数最多的有效数字是 n 位,则引用上述常数时宜取 $n+2$ 位,目的是避免常数的引入造成更大的误差。工程上,在大多数情况下,对于上述常数可取 5～6 位有效数字。

② 在数据运算过程中,为兼顾结果的精度和运算的方便,所有的中间运算结果,工程上,一般宜取 5～6 位有效数字。

③ 表示误差大小的数据一般宜取 1(或 2)位有效数字,必要时还可多取几位。由于误差是用来为数据提供准确程度的信息,为避免过于乐观,并提供必要的保险,故在确定误差的有效数字时,也用截断的办法,然后将保留数字末位加 1,以使给出的误差值大一些,而无须考虑前面所说的数字舍入规则。如误差为 0.2412,可写成 0.3 或 0.25。

④ 作为最后实验结果的数据是间接测量值时,其有效数字位数的确定方法如下:先对其绝对误差的数值按上述截断后保留数字末位加 1 的原则进行处理,保留 1～2 位有效数字,然后令待定位的数据与绝对误差值以小数点为基准相互对齐。待定位数据中,与绝对误差首位有效数字对齐的数字,即所得有效数字仅末位为估计值。最后按前面讲的数字舍入规则,将末位有效数字右边的数字舍去。

【例 2-9】 (1) $y=9.80113824$,$d(y)=\pm0.004536$(单位暂略);(2) $y=6.3250\times10^{-8}$,$d(y)=\pm0.8\times10^{-9}$(单位暂略)。分别求其 y 值。

解 (1) $y=9.80113824$,$d(y)=\pm0.004536$(单位暂略)

取 $d(y)=\pm0.0046$(截断后末位加 1,取两位有效数字)

以小数点为基准对齐　　9.801：13824

　　　　　　　　　　0.004：6

故该数据应保留 4 位有效数字。按本章讲的数字舍入原则,该数据 $y=9.801$。

(2) $y=6.3250\times10^{-8}$,$d(y)=\pm0.8\times10^{-9}$(单位暂略)

取 $d(y)=\pm0.8\times10^{-9}=\pm0.08\times10^{-8}$(使 $d(y)$ 和 y 都是 $\times10^{-8}$)

以小数点为基准对齐　　6.32：50$\times10^{-8}$

　　　　　　　　　　0.08：　$\times10^{-8}$

可见该数据应保留 3 位有效数字。经舍入处理后,该数据 $y=6.32\times10^{-8}$。

2. 实验数据的计算

由于计算机的普遍应用,实验数据的计算处理,完全可以编制程序由计算机完成。但在编程之前或在编程运算之后,为了检查计算程序是否正确,必须掌握笔算的方法。而在没有条件使用计算机时仍要进行笔算,故在此将化工基础实验数据计算的要求及技巧作一说明。

(1) 计算过程使用国际标准(SI)单位。注意有效数字,一般工程计算有效数字取三位,运算过程中可多保留一位不定数字。

(2) 计算时应写出一组数据的完整计算过程,以便检查在计算方法和数字计算上有无错误。计算完一组数据后,就应该判断其结果是否合理。例如根据已有的流体力学知识,孔板流量计的孔板系数 C_0 一般为 0.6～0.8。若计算结果为 0.035 或其他异常数字,则首先应检查数据处理过程,发现问题及时纠正,可避免一错到底。如果是实验原因,可以重新实验测定。

(3) 实验数据计算,按实验目的的要求归纳整理计算。由于实验数据较多,为了避免重复计算,减少计算错误,可以将计算式中可合并的常数加以合并,然后再逐一计算。例如流体阻力实验,计算 Re 值和 λ 值,可按以下方法进行。

例如,Re 的计算

$$Re = \frac{du\rho}{\eta} \tag{2-10}$$

式中,管径 d、流体密度 ρ 和粘度 η,在对同一物料、同一设备、在恒定温度条件下进行实验时均为定值,可合并为常数 $A = d\rho/\eta$,故有

$$Re = Au \tag{2-11}$$

A 值确定后,改变流速 u 值可算出 Re 值。

又如,管内摩擦系数 λ 值的计算,由直管阻力计算公式:

$$\Delta P = \lambda \frac{l}{d} \frac{\rho u^2}{2} \tag{2-12}$$

得

$$\lambda = \frac{d}{l} \frac{2\Delta P}{\rho u^2} = B' \frac{\Delta P}{u^2} \tag{2-13}$$

式中

$$B' = \frac{d}{l} \frac{2}{\rho} \tag{2-14}$$

又实验中流体压力 ΔP,用 U 形压差计读数 R 测定,则

$$\Delta P = gR(\rho_0 - \rho) = B''R \tag{2-15}$$

式中

$$B'' = g(\rho_0 - \rho) \tag{2-16}$$

将 ΔP 带入 λ 式,整理为

$$\lambda = B'B'' \frac{R}{u^2} = B \frac{R}{u^2} \tag{2-17}$$

式中

$$B = \frac{d}{l} \cdot \frac{2g(\rho_0 - \rho)}{\rho} \tag{2-18}$$

仅有变量 R 和 u,这样 λ 的计算非常方便。

2.1.3 误差的估算

1. 直接测量值的误差估算

在化工实验中,有许多物理量可以用测量仪表直接测量,有的物理量只需测量一次,有的物理量则需通过多次测量求取平均值确定。

(1) 一次测量值误差估算

一次测量值的测量得到的误差可以根据测量仪表的准确度估算。仪表的准确度常采用仪表的最大引用误差和准确等级表示。

仪表的最大引用误差定义式为

$$最大引用误差 = \frac{仪表示值的绝对误差值}{仪表相应档次量程的绝对值} \times 100\% \tag{2-19}$$

式中,仪表示值的绝对误差值是指在规定的正常情况下,被测参数的测量值与其标准值

之差的绝对值的最大值。对于多档仪表,不同档次示值的绝对误差和量程均不相同。

式(2-19)表明,仪表值的绝对误差相同,量程范围愈大,最大引用误差愈小。

我国电工仪表的准确度等级(P级)有 7 种:$0.1, 0.2, 0.5. 1.0, 1.5, 2.5, 5.0$。一般来说,如果仪表的准确度等级为 P 级,则说明该仪表最大引用误差不会超过 $P\%$,而不能认为它在各刻度点上的示值误差都具有 $P\%$ 的准确度。

设仪表的准确度等级为 P 级,则最大引用误差为 $P\%$,若仪表的测量范围为 x_n,由式(2-19)得该示值的误差为

绝对误差
$$d(x) \leqslant x_n \times P\% \qquad (2\text{-}20)$$

相对误差
$$e(x) = \frac{d(x)}{x} \leqslant \frac{x_n}{x} \times P\% \qquad (2\text{-}21)$$

式(2-20)和式(2-21)表明:

① 若仪表的准确度等级 P 和量程范围 x_n 已固定,则测量的示值 x 愈大,测量的相对误差愈小。

② 选用仪表时,不能盲目地追求仪表的准确度等级。因为量程的相对误差还与 x_n/x 有关。应兼顾仪表的准确度等级和 x_n/x 两者。

【例 2-10】 欲测量大约 70 V 的电压,实验室有 1.0 级 0~300 V 和 1.5 级 0~100 V 的电压表,问选用何种电压表较好?

解 选用 1.0 级 0~300 V 电压表时
$$e(x) = \frac{x_n}{x} \times P\% = \frac{300}{70} \times 1.0\% = 4.3\%$$

选用 1.5 级 0~100 V 电压表时
$$e(x) = \frac{x_n}{x} \times P\% = \frac{100}{70} \times 1.5\% = 2.1\%$$

此例说明,如果选择恰当,用量程范围适当的 1.5 级仪表测量,能够得到比量程范围大、准确度等级高的 1.0 级仪表更准确的结果。因此,在选用仪表时,要纠正单纯追求准确度等级"越高越好"的倾向,而应根据被测值的大小,兼顾仪表的等级和测量上限,合理地选择仪表。

（2）多次测量值误差估算

当物理量的值是通过多次测量而得到时,该测量值的误差可通过标准误差进行估算。

设某一物理量重复测量了 n 次,各次测量值分别为 $x_1, x_2, \cdots, x_n$,该组数据的平均值和标准误差分别为

$$\bar{x} = \frac{x_1 + x_2 + \cdots + x_n}{n}$$

$$\sigma = \sqrt{\frac{\sum\limits_{i=1}^{n} (x_i - \bar{x})^2}{n-1}}$$

则
$$\text{绝对误差} = \frac{\sigma}{\sqrt{n}}$$

$$\text{相对误差} = \left(\frac{\sigma}{\sqrt{n}}\right) / \bar{x}$$

2. 间接测量值的误差估算

间接测量值是由一些直接测量值按一定的函数关系计算而得,如雷诺准数 $Re = \dfrac{du\rho}{\eta}$ 就是间接测量值。由于直接测量值有误差,因而使间接测量值也必然有误差。怎样由直接测量值的误差估算间接测量值的误差? 这就涉及误差的传递问题。

设有一间接测量值 y,是直接测量值 $x_1, x_2, \cdots, x_n$ 的函数,即

$$y = f(x_1, x_2, \cdots, x_n) \tag{2-22}$$

用 $\Delta x_1, \Delta x_2, \cdots, \Delta x_n$ 分别表示直接测量值 $x_1, x_2, \cdots, x_n$ 的由绝对误差引起的增量,Δy 表示由 $\Delta x_1, \Delta x_2, \cdots, \Delta x_n$ 引起的 y 的增量。则

$$\Delta y = f(x_1 + \Delta x_1, x_2 + \Delta x_2, \cdots, x_n + \Delta x_n) - f(x_1, x_2, \cdots, x_n) \tag{2-23}$$

由泰勒级数展开,并略去二级以上的量,得到

$$\Delta y = \frac{\partial y}{\partial x_1} \Delta x_1 + \frac{\partial y}{\partial x_2} \Delta x_2 + \cdots + \frac{\partial y}{\partial x_n} \Delta x_n \tag{2-24}$$

间接测量值 y 的最大绝对误差为

$$d(y) = \sum_{i=1}^{n} \left| \frac{\partial y}{\partial x_i} d(x_i) \right| \tag{2-25}$$

式中,$\dfrac{\partial y}{\partial x_i}$——误差传递系数;

$d(x_i)$——直接测量值的绝对误差。

y 的最大相对误差的计算式为

$$e(y) = \sum_{i=1}^{n} \left| \frac{\partial y}{\partial x_i} \frac{d(x_i)}{y} \right| \tag{2-26}$$

利用式(2-25)和式(2-26)计算误差时,加减函数式应先计算绝对误差,再计算相对误差,而乘除函数式的计算次序相反。

【例 2-11】 求函数 $y = -3x_1 + 6x_2 - 5x_3$ 的绝对误差和相对误差。

解 绝对误差 $d(y)$,由式(2-25)得

$$d(y) = \sum_{i=1}^{n} \left| \frac{\partial y}{\partial x_i} d(x_i) \right| = 3d(x_1) + 6d(x_2) + 5d(x_3)$$

相对误差 $e(y)$,由式(2-26)得

$$e(y) = \sum_{i=1}^{n} \left| \frac{\partial y}{\partial x_i} \frac{d(x_i)}{y} \right|$$

$$= \frac{d(y)}{|y|} = \frac{3d(x_1) + 6d(x_2) + 5d(x_3)}{|y|}$$

计算结果表明,加减函数的最大绝对误差等于参加加减运算的各项函数的绝对误差之和。减法函数式中,原始数据具有的准确度有可能在减法运算中损失殆尽。如 $y = x_1 - x_2$,若 $x_1 = 54.5$,$x_2 = 53.5$,其绝对误差均小于 0.5,相对误差均为 0.93%。但 $d(y) = d(x_1) + d(x_2) = 0.5 + 0.5 = 1.0$,差的绝对误差 $|y| = 0.5 + 0.5 = 1.0$。$x_1 - x_2$ 的相对误差 $e(y) = \dfrac{d(y)}{|y|} = \dfrac{1.0}{1.0} = 100\%$,是原始数据相对误差的 107.5 倍。实际工作应尽力避免此类情况,一般可采取两种措施:一是改变函数形式;二是在计算过程中人为多取

几位有效数字。

【例 2-12】 求函数 $y = \dfrac{x_1 x_2^2 x_3^3}{x_4^4}$ 的绝对误差和相对误差。

解　传递系数　$\dfrac{\partial y}{\partial x_1} = \dfrac{x_2^2 x_3^3}{x_4^4}$

$$\frac{\partial y}{\partial x_2} = \frac{2 x_1 x_2 x_3^3}{x_4^4}$$

$$\frac{\partial y}{\partial x_3} = \frac{3 x_1 x_2^2 x_3^2}{x_4^4}$$

$$\frac{\partial y}{\partial x_4} = \frac{(-4) x_1 x_2^2 x_3^3}{x_4^5}$$

相对误差为

$$e(y) = \left| \frac{d(x_1)}{x_1} \right| + 2 \left| \frac{d(x_2)}{x_2} \right| + 3 \left| \frac{d(x_3)}{x_3} \right| + 4 \left| \frac{d(x_4)}{x_4} \right|$$

$$= e(x_1) + 2e(x_2) + 3e(x_3) + 4e(x_4)$$

绝对误差为

$$d(y) = e(y) \times |y|$$

现将函数误差的计算公式列于表 2-2。

表 2-2　计算某些函数误差的简便公式

函数式	绝对误差 $d(y)$	相对误差 $e(y)$
$y = c$	$d(y) = 0$	$e(y) = 0$
$y = cx$	$d(y) = |c| \cdot d(x)$	$e(y) = |c| \cdot d(x) / |y|$
$y = x_1 + x_2 + x_3$	$d(y) = d(x_1) + d(x_2) + d(x_3)$	$e(y) = [d(x_1) + d(x_2) + d(x_3)] / |y|$
$y = x_1 x_2$	$d(y) = e(x) \cdot |y|$	$e(y) = e(x_1) + e(x_2)$
$y = (x_1 x_2) / x_3$	$d(y) = e(x) \cdot |y|$	$e(y) = e(x_1) + e(x_2) + e(x_3)$
$y = x^n$	$d(y) = e(x) \cdot |y|$	$e(y) = |n| \cdot e(x)$
$y = \sqrt[n]{x}$	$d(y) = e(x) \cdot |y|$	$e(y) = \dfrac{1}{n} \cdot e(x)$
$y = \lg x$	$d(y) = 0.434 e(x)$	$e(y) = \dfrac{d(y)}{|y|}$

3. 误差分析应用举例

通过误差分析,找到引用误差的主要因素及每个因素所引起的误差的大小,在此基础上通过改进研究方法和方案,可进一步提高实验研究的水平和质量。下面用一实例说明误差分析的应用。

【例 2-13】 用量热器测定固体的比热容 C_p 时,采用间接测量法,即由直接测得的温度、质量,采用下式计算 C_p:

$$C_p = \frac{M(t_2 - t_0)}{m(T_0 - t_2)} c_{p, H_2O}$$

式中,M——量热器内水的质量,kg;

　　　m——被测固体的质量,kg;

　　　t_0, t_2——测量前和测量时水的温度,℃;

T_0—被测固体放入量热器前的温度,℃;

$c_{p,\mathrm{H_2O}}$—水的比热容,4.18 kJ/(kg·℃)。

测得结果如下所示:

$$M = (250 \pm 0.2)\,\mathrm{g}, \qquad m = (62.31 \pm 0.02)\,\mathrm{g}$$

$$t_0 = (11.52 \pm 0.01)\,℃, \quad t_2 = (15.79 \pm 0.01)\,℃$$

$$T_0 = (97.32 \pm 0.04)\,℃$$

试求被测固体的比热容的真值,并分析应如何提高测量的精度。

解　为方便计算,令 $t = t_2 - t_0 = 4.27\,℃$,$T = T_0 - t_2 = 81.53\,℃$,则原方程可写为

$$C_p = \frac{Mt}{mT} c_{p,\mathrm{H_2O}}$$

各变量的绝对误差为

$$d(M) = 0.2\,\mathrm{g}, \quad d(m) = 0.02\,\mathrm{g}$$

$$d(t) = |d(t_2)| + |d(t_0)| = 0.01 + 0.01 = 0.02\,℃$$

$$d(T) = |d(T_0)| + |d(t_2)| = 0.04 + 0.01 = 0.05\,℃$$

各变量的误差传递函数为

$$\frac{\partial C_p}{\partial M} = \frac{t c_{p,\mathrm{H_2O}}}{mT} = \frac{4.27 \times 4.18}{62.31 \times 81.53} = 3.52 \times 10^{-3}$$

$$\frac{\partial C_p}{\partial m} = -\frac{Mt c_{p,\mathrm{H_2O}}}{m^2 T} = -\frac{250 \times 4.27 \times 4.18}{62.31^2 \times 81.53} = -1.41 \times 10^{-2}$$

$$\frac{\partial C_p}{\partial t} = \frac{M c_{p,\mathrm{H_2O}}}{mT} = \frac{250 \times 4.18}{62.31 \times 81.53} = 2.01 \times 10^{-1}$$

$$\frac{\partial C_p}{\partial T} = -\frac{Mt c_{p,\mathrm{H_2O}}}{mT^2} = -\frac{250 \times 4.27 \times 4.18}{62.31 \times 81.53^2} = -1.08 \times 10^{-2}$$

间接测量的绝对误差为

$$d(C_p) = \sum_{i=1}^{n} \left| \frac{\partial y}{\partial x_i} d(x_i) \right|$$

$$= 3.52 \times 10^{-3} \times 0.2 + 1.41 \times 10^{-2} \times 0.02 + 2.01 \times 10^{-1} \times 0.02$$

$$+ 1.08 \times 10^{-2} \times 0.05$$

$$= 5.546 \times 10^{-3} \approx 6 \times 10^{-3}\,\mathrm{J/(g \cdot ℃)}$$

固体比热容的测量值为

$$C_p = \frac{250 \times 4.27 \times 4.18}{62.31 \times 81.53} = 0.8778\,\mathrm{J/(g \cdot ℃)} \approx 0.878\,\mathrm{J/(g \cdot ℃)}$$

固体比热容的真值为

$$C_p = (0.878 \pm 6 \times 10^{-3})\mathrm{J/(g \cdot ℃)}$$

要提高测量精度,应分析各变量的相对误差:

$$\frac{d(M)}{M} = \frac{0.2}{250} \times 100\% = 0.08\%$$

$$\frac{d(m)}{m} = \frac{0.02}{62.31} \times 100\% = 0.032\%$$

$$\frac{d(t)}{t} = \frac{0.02}{4.27} \times 100\% = 0.468\%$$

$$\frac{d(T)}{T} = \frac{0.05}{81.53} \times 100\% = 0.061\%$$

比较各变量的相对误差可知，t 的相对误差最大。显然为提高 C_p 的测量精度，应改善 t 的测量精度，即提高测量水温的温度计精度。若采用贝克曼温度计，最小分度值为 $0.002\,℃$，精度可达 $\pm 0.001\,℃$，则 t 的相对误差变为

$$\frac{d(t)}{t} = \frac{0.002}{4.27} \times 100\% = 0.0468\%$$

提高 t 的测量精度后，各变量测量精度基本相当，此时 C_p 的绝对测量误差为

$$d(C_p) = \sum_{i=1}^{n} \left| \frac{\partial y}{\partial x_i} d(x_i) \right|$$

$$= 3.52 \times 10^{-3} \times 0.2 + 1.41 \times 10^{-2} \times 0.02 + 2.01 \times 10^{-1} \times 0.002$$

$$+ 1.08 \times 10^{-2} \times 0.05$$

$$= 2.38 \times 10^{-3} \approx 2 \times 10^{-3} \text{ J/(g · ℃)}$$

提高 t 的测量精度后，C_p 的真值应为

$$C_p = (0.878 \pm 2 \times 10^{-3}) \text{J/(g · ℃)}$$

2.2　实验数据的处理

由实验测得的大量数据，必须进行进一步处理，使人们清楚地观察到各变量之间的定量关系，以便进一步分析实验现象，得出规律，指导生产与设计。

数据处理方法有三种：

（1）列表法。将实验数据按自变量和因变量的关系，以一定的顺序列出数据表，即为列表法。列表法有许多优点，如简单易操作，数据易比较，形式紧凑，同一表格内可以表示几个变量间的关系等。列表通常是数据处理的第一步，为标绘曲线图或整理成数学公式打下基础。

（2）图示法。将实验数据在坐标纸上绘成曲线，直观而清晰地表达出各变量之间的相互关系。该法的优点是直观清晰，便于比较，容易看出数据中的极值点、转折点、变化率及其他特征，便于比较，还可以根据曲线得出相应的方程式，某些精确的图形还可以用于不知道数学表达式的情况下进行图表积分和微分。

（3）数学模型法。利用最小二乘法对实验数据进行统计处理，得出最大限度地符合实验数据的拟合方程式，并判断拟合方程式的有效性。这种拟合方程式有利于用计算机进行计算。

2.2.1　实验数据列表法

实验数据列表可分为原始记录表、中间运算表和最终结果表。

原始数据表必须在实验前设计好，可以清晰地记录所有待测数据，如流体流动阻力实验的原始记录表格式见表 2-3。

表 2-3　流体流动阻力实验的原始记录表

序　号	流量计读数(cm)		流量	光滑管阻力(cm)		粗糙管阻力(cm)		局部阻力(cm)	
	左	右	(m³/s)	左	右	左	右	左	右
1									
2									
⋮									

光滑管管径：　mm　粗糙管管径：　mm　长度：　m　水温：　℃　其他固定参数：……

运算表格有助于进行运算,不易混淆,如流体流动阻力实验的运算表见表 2-4。

表 2-4　流体流动阻力实验的运算表

序　号	流量 (m³/s)	流速 (m/s)	$Re×10^4$	直管阻力 (m)	摩擦系数 $λ×10^2$	局部阻力 (m)	阻力系数 $ξ$
1							
2							
⋮							

实验最终结果表只表达主要变量之间的关系和实验的结论,如流体流动阻力实验的结果表见表 2-5。

表 2-5　流体流动阻力实验的结果表

序　号	粗糙管		光滑管		局部阻力	
	$Re×10^4$	$λ×10^2$	$Re×10^4$	$λ×10^2$	$Re×10^4$	$ξ$
1						
2						
⋮						

在拟制和使用实验数据表时,应注意以下问题：

(1) 表格设计要力求简捷,一目了然,便于阅读和使用。记录、计算项目满足实验要求。

(2) 表格的表头应列出变量的名称、符号、单位。同时要层次清晰,顺序合理。

(3) 记录数字应注意有效数字位数,应与测量仪表的精度相匹配。

(4) 数字较大或较小时应用科学计数法表示,将 $10^{±n}$ 记入表头,注意：参数 $×10^{±n}=$ 表中数字。

(5) 科学实验中,记录数据要正规,原始数据要书写清楚整齐,不得潦草,并要记录各种实验条件。不可随意用纸张记录,要在实验记录本上记录,以便保管。

用列表法表示实验数据,其变化规律和趋势不明显,不能满足进一步分析研究的需要。如用于计算机计算还需进一步处理,但列表法是图示法和数学模型表示法的基础。

2.2.2　实验数据图示法

用图形表示实验结果,可以明显地看出数据变化的规律和趋势,有利于分析讨论问题。利用图形表示还可以帮助选择函数的形式,是工程上常用的方法。作图过程应遵守一些基本要求,否则达不到预期结果。为保证图示法获得的曲线能正确地表示实验数据变量之间的关系,且便于使用,在图形标绘上应注意以下问题。

1. 坐标系的选择

化工生产和研究中常用的坐标系有：直角坐标系、半对数坐标系和双对数坐标系。直角坐标系的两个轴均是分度均匀的普通坐标轴；半对数坐标系是一个轴是普通坐标轴，另一个轴是分度不均匀的对数坐标轴；双对数坐标系的两个轴都是分布不均匀的对数坐标轴。半对数坐标系和双对数坐标系分别见图 2-3 和图 2-4。

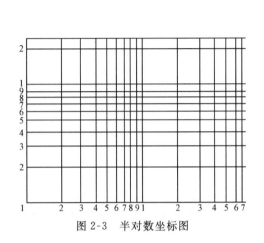

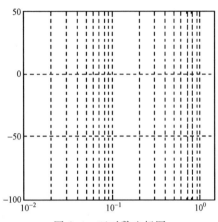

图 2-3　半对数坐标图　　　　图 2-4　双对数坐标图

应根据实验数据的特点来选择合适的坐标系。

（1）在下列情况下，建议用半对数坐标系：

① 变量之一在所研究的范围内发生了几个数量级的变化。

② 在自变量由零开始逐渐增大的初始阶段，当自变量的少许变化引起因变量极大变化时，此时采用半对数坐标纸，曲线最大变化范围可伸长，使图形轮廓清晰。

③ 当需要将某种函数变换为直线函数关系时，如指数函数。

如将指数函数 $y=ae^{bx}$（a,b 为待定系数）变换为直线函数关系。在这种情况下，若把 x,y 数据标绘在直角坐标纸上，所得图形必为一曲线。若对上式两边同时取对数，得

$$\lg y = \lg a + bx\lg e$$

令

$$\lg y = Y$$
$$b\lg e = k$$

则上式变为

$$Y = \lg a + kx$$

经上式处理 x,y 变成了线性关系，以 $\lg y = Y$ 对 x 在直角坐标纸上作图，其图形也是直线。为了避免对每一个实验数据 y 取对数的麻烦，可以采用半对数坐标纸。因此，把实验数据标绘在半对数坐标纸上时，如果图形为直线，其关联式必为指数函数型。

（2）在下列情况下，建议使用双对数坐标系：

① 变量 x,y 在数值上均变化了几个数量级。

② 需要将曲线开始部分划分成展开的形式。

③ 当需要变换某种非线性关系为线性关系时，例如幂函数。

若变量 x,y 存在幂函数关系,则有

$$y = ax^b$$

式中,a,b 为待定系数。

若直接在直角坐标系上作图,必为曲线。为此把上式两边取对数:

$$\lg y = \lg a + b\lg x$$

令

$$\lg y = Y$$
$$\lg x = X$$

则上式变为

$$Y = \lg a + bX$$

根据上式,把实验数据 x,y 取对数 $\lg x = X, \lg y = Y$,在直角坐标系上作图也得一条直线。同理,为了解决每次取对数的麻烦,可以把 x,y 直接标在双对数坐标纸上,所得结果完全相同。

2. 图示法应注意的事项

(1)曲线光滑。利用曲线板等工具将各离散点连接成光滑曲线,并使曲线尽可能通过较多的实验点,或者使曲线以外的点尽可能位于曲线附近,并使曲线两侧的点数大致相等。

(2)定量绘制的坐标图,其坐标轴上必须标明该坐标所代表的变量名称、符号及所用的单位。

(3)图必须有图号和图题,以便于排版和引用。必要时还应有图注。

(4)不同线上的数据点可用○,△等不同符号表示,且必须在图上明显地标出。

3. 坐标纸的使用

(1)标绘实验数据,应选用适当大小的坐标纸,使其能充分表示实验数据大小和范围。

(2)依使用的习惯,自变量取横轴,因变量取纵轴。

(3)根据标绘数据的大小,对坐标轴进行分度。所谓坐标轴分度,就是选择坐标每刻度代表的数值大小。一般原则是:坐标轴的最小刻度能表示出实验数据的有效数字。分度以后,在主要刻度线上应标出便于阅读的数字。

(4)坐标原点:对普通直角坐标,坐标原点不一定从零开始,可以从欲表示的数据中,选取最小数将原点移到适当位置;而对于对数坐标,其分度要遵循对数坐标规律,不能随意划分,因此,坐标轴的原点只能取对数坐标轴上的值作原点,而不能随意确定。

以上介绍了采用列表、图示形式处理实验数据的方法,反映了因变量与自变量的对应关系,为工程应用提供了一定的方便。但图示法由离散点绘制曲线时还存在一定随意性,而列表法尚不能连续表达其对应关系。于是,在实验研究中,还常常把实验数据整理成方程式,以描述过程或现象的自变量和因变量之间的关系,即建立描述过程的数学模型。对于广泛应用计算机的当代,这是十分必要的。下面介绍数学模型表示法。

2.2.3　数学模型表示法

1. 数学模型的选择和建立

一般来说,实验数据处理用方程式表示时有两种情况。一种是对研究问题有深入的了解,如流体力学和传热过程,通过量纲分析得到物理量之间的关系,即可写出量纲为一数群之间的关系,具体方程中的常数和系数是通过实验确定的。另一种是对实验数据的函数形式未知,为了用方程表示,通常是将实验数据绘成图形,参考一些已知数学函数的图形,选择一种适宜的函数。

选择的原则是,既要求形式简单、所含常数较少,同时也希望能准确地表达实验数据之间的关系。但要同时满足这两点往往是难以做到的,通常是在保证必要的准确度的前提下,尽可能选择简单的线性函数或者经过适当方法转换成线性关系的函数形式,以使数据处理工作简单化。

建立数学模型的一般方法是:将实验数据标绘在直角坐标系中,然后分析实验曲线的形状。如果实验曲线接近直线,即可选择直线方程 $y=ax+b$;如果与直线相差较远,可将实验曲线与典型的函数曲线进行对比,选择曲线与实验曲线相似的典型函数作为数学模型,然后选择合适的方法确定模型中的常数。以下是几种典型的函数形式及其图形,供选用参考(在直角坐标系中)。

（1）线性函数

$$y = ax + b$$

（2）幂函数

$$y = ax^b \quad (a > 0)$$

该函数(图 2-5)通过线性化处理,可转化为线性关系:等式两端取对数,得

$$\lg y = \lg a + b\lg x$$

令 $Y=\lg y, X=\lg x$,得直线方程

$$Y = \lg a + bX$$

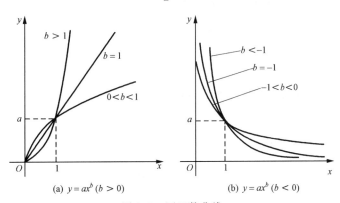

(a) $y=ax^b \ (b>0)$　　　　(b) $y=ax^b \ (b<0)$

图 2-5　幂函数曲线

（3）指数函数

$$y = ae^{bx} \quad (a > 0)$$

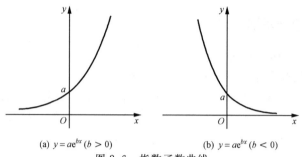

(a) $y = a\mathrm{e}^{bx} \, (b > 0)$ (b) $y = a\mathrm{e}^{bx} \, (b < 0)$

图 2-6   指数函数曲线

该函数(图 2-6)通过线性化处理,可转换为线性关系:

$$\lg y = \lg a + (b\lg \mathrm{e})x$$

令 $Y = \lg y, X = x, k = b\lg \mathrm{e}$,得直线方程

$$Y = \lg a + kX$$

（4）双曲线函数

$$y = \frac{x}{ax + b}$$

该函数(图 2-7)也可转换为线性函数关系:令 $Y = \dfrac{1}{y}$, $X = \dfrac{1}{x}$,得直线方程

$$Y = a + bX$$

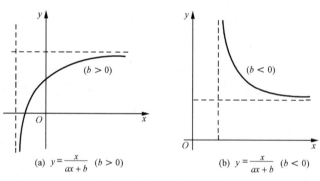

(a) $y = \dfrac{x}{ax+b}$ $(b > 0)$ (b) $y = \dfrac{x}{ax+b}$ $(b < 0)$

图 2-7   双曲线函数曲线

（5）对数函数

$$y = a + b\lg x$$

该函数(图 2-8)也可转换为线性关系:令 $Y = y, X = \lg x$,得直线方程

$$Y = a + bX$$

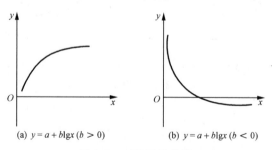

(a) $y = a + b\lg x \, (b > 0)$ (b) $y = a + b\lg x \, (b < 0)$

图 2-8   对数函数曲线

当待处理的实验数据所具有的函数形式选定之后,则可运用以下图解法以及一些数值方法确定函数式中的各常数。

2. 数学模型中常数的确定

确定数学模型中的常数,通常采用图解法和回归分析法。

（1）图解法

图解法仅限于具有线性关系或能通过转换成为线性关系的函数式常数的求解,是一种简单易行、容易掌握、准确度较好的方法。首先选定坐标系,将实验数据在图上标绘描线,在图中直线上选取适当点的数据,求解直线斜率和截距,进而确定线性方程的各常数。

① 一元线性方程的图解

设一组实验数据变量间存在线性关系:

$$y = a + bx$$

通过图解确定方程中截距 a 和斜率 b 的大小,如图 2-9 所示。

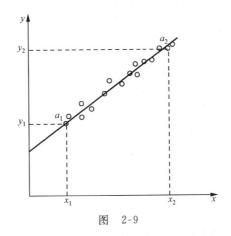

图　2-9

在图中选取适宜距离的两点 $a_1(x_1, y_1)$, $a_2(x_2, y_2)$,直线的斜率为

$$b = \frac{y_2 - y_1}{x_2 - x_1}$$

直线的截距,若 x 轴的原点为 0,可以在 y 轴上直接读取其值（因为 $x = 0, y = a$）;否则,由下式计算:

$$a = \frac{y_1 x_2 - y_2 x_1}{x_2 - x_1}$$

以上式中 $a_1(x_1, y_1)$, $a_2(x_2, y_2)$ 是从直线上选取的任意两点。为了获得最大准确度,应尽可能选取直线上具有整数值的点,且 a_1, a_2 两点距离以大为宜。为了减少读数误差,也可多取几组数据计算,最后取平均值。

某些非线性方程如前面介绍的幂函数、指数函数等,经过变量代换之后均可成为线性方程,亦可以用本图解方法确定其常数。

例如,对于指数函数 $y = a\mathrm{e}^{bx}$,线性化为

$$Y = \lg a + kX$$

式中 $Y = \lg y, X = x, k = b\lg\mathrm{e}$;其纵轴为对数坐标,斜率为

$$k = \frac{\lg y_2 - \lg y_1}{x_2 - x_1}$$

$$b = \frac{k}{\lg e}$$

对于对数函数 $y = a + b\lg x$，横轴为对数坐标，斜率为

$$b = \frac{y_2 - y_1}{\lg x_2 - \lg x_1}$$

系数 a 的求法与幂函数中所述方法基本相同，可将直线上任一点处的坐标值和已经求出的系数 b 代入函数关系式求解。

② 二元线性方程的图解

如实验研究中，所研究对象的物理量即因变量与两个自变量成线性关系，可采用以下函数式表示：

$$y = a + bx_1 + cx_2$$

此为二元线性函数式。亦可采用图解方法确定式中常数 a, b, c。在图解此类函数式时，应首先令其中一自变量恒定不变，如使 $x_1 = A$，则上式可改为

$$y = d + cx_2$$

式中

$$d = a + bx_1 = A$$

由 y 与 x_2 的数据可在直角坐标中标绘出一直线，如图 2-10(a)所示。采用上述图解方法即可确定 x_2 的系数 c。

在图 2-10(a)中直线上任取两点 $e_1(x_{21}, y_1), e_2(x_{22}, y_2)$，则有

$$c = \frac{y_2 - y_1}{x_{22} - x_{21}}$$

将 c 求得后，将其代入 $y = a + bx_1 + cx_2$ 中，并将原式重新改写成以下形式：

$$y - cx_2 = a + bx_1$$

令 $Y = y - cx_2$，于是可得一新的线性方程：

$$Y = a + bx_1$$

由实验数据 y, x_2 和 c 计算得 Y，由 Y 与 x_1 在图 2-10(b)中标绘其直线，并在该直线上任取 $f_1(x_{11}, Y_1)$ 及 $f_2(x_{12}, Y_2)$ 两点。由 f_1, f_2 两点即可确定 a, b 两个常数：

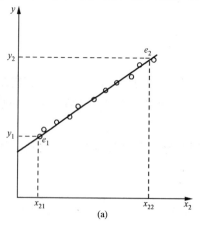
(a)

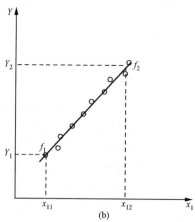
(b)

图　2-10

$$b = \frac{Y_2 - Y_1}{x_{12} - x_{11}}$$

$$a = \frac{Y_1 x_{12} - Y_2 x_{11}}{x_{12} - x_{11}}$$

应该指出的是,在确定 b,a 时,其自变量 x_1,x_2 应同时改变,才能使其结果覆盖整个实验范围。

（2）回归分析法

化工实验中,由于存在实验误差与某种不确定因素的干扰,所得数据往往不能用一条光滑曲线或者直线来表达,即实验点随机地分布在一条直线或曲线附近,如图 2-11 所示。要找出这些实验数据所包含的规律性,即变量之间的定量关系式,而使之尽可能符合实验数据,可用回归分析这一数理统计的方法。回归分析与计算机相结合是确定数学模型的有效手段。

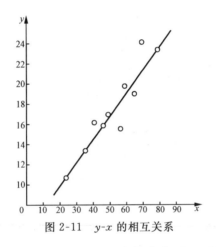

图 2-11　y-x 的相互关系

回归也称拟合,得到的方程称为回归方程或拟合方程。回归可分为线性回归和非线性回归两大类。进行线性回归时,最有效的方法是最小二乘法;对于非线性问题,也往往设法将其转化成线性问题,然后进行回归。

① 一元线性回归（直线拟合）

一元指只有一个自变量,线性指因变量是自变量的一次函数。一元线性回归在 x,y 坐标图上就是由一条直线来拟合实验数据,并用数学模型 $\hat{y}=a+bx$ 来代表实验数据的规律性,该式称一元线性回归方程,a,b 称回归系数,$\hat{y}$ 为对应于自变量 x 的 y 回归值。具体原理如下。

设 n 个实验点 (x_1,y_1),(x_2,y_2),$\cdots$,(x_n,y_n),可用一条直线来表达它们之间的关系,即

$$\hat{y} = a + bx$$

式中,$\hat{y}$—回归式计算值（回归值）;

a,b—回归系数。

对每一个测量值 x_i,均可由式 $\hat{y}=a+bx$ 求出相应的 $\hat{y}_i$。回归值 $\hat{y}_i$ 与实测值 y_i 之差的绝对值 $d_i = |y_i - \hat{y}_i|$ 表明与回归直线的偏离程度。偏离程度愈小,说明直线与实验数

据拟合得愈好。

设

$$Q = \sum_{i=1}^{n} d_i^2 = \sum_{i=1}^{n} \left[y_i - (ax_i + b) \right]^2 \tag{2-27}$$

式中，y_i，x_i 均是已知实验值，故 $Q = f(a,b)$，要求偏离程度小，就是要求 Q 取得极小（最小）值。根据最小二乘法原理，将式（2-27）分别对 a，b 求偏导数并令其为零，可求得 a，b 之值，即

$$\begin{cases} \dfrac{\partial Q}{\partial a} = -2 \sum_{i=1}^{n} (y_i - ax_i - b)x_i = 0 \\ \dfrac{\partial Q}{\partial b} = -2 \sum_{i=1}^{n} (y_i - ax_i - b) = 0 \end{cases} \tag{2-28}$$

将 $\bar{x} = \dfrac{1}{n} \sum_{i=1}^{n} x_i$，$\bar{y} = \dfrac{1}{n} \sum_{i=1}^{n} y_i$ 代入式（2-28）得

$$\begin{cases} b + \bar{x}a = \bar{y} \\ n\bar{x}b + \left(\sum_{i=1}^{n} x_i^2 \right)a = \sum_{i=1}^{n} x_i y_i \end{cases} \tag{2-29}$$

解式（2-29），得

$$a = \frac{\sum_{i=1}^{n} (x_i \cdot y_i) - n\bar{x}\bar{y}}{\sum_{i=1}^{n} x_i^2 - n(\bar{x})^2} \tag{2-30}$$

$$b = \bar{y} - a\bar{x} \tag{2-31}$$

对实验数据进行线性回归后，还要进行检验。表达两个变量线性关系密切程度的常用数量性指标是相关系数 r，r 的定义为

$$r = \frac{l_{xy}}{\sqrt{l_{xx}l_{yy}}} \tag{2-32}$$

式中

$$l_{xx} = \sum_{i=1}^{n} (x_i - \bar{x})^2 \tag{2-33}$$

$$l_{yy} = \sum_{i=1}^{n} (y_i - \bar{y})^2 \tag{2-34}$$

$$l_{xy} = \sum_{i=1}^{n} (x_i - \bar{x})(y_i - \bar{y}) \tag{2-35}$$

相关系数 r 的几何意义可用图 2-12 说明。

相关系数 r 的绝对值的大小能衡量两个变量线性相关的程度，可分三类讨论。

● $|r| = 0$，此时 $l_{xy} = 0$，即回归直线的斜率为零，不存在直线关系。此时实验点分布情况有两种：y，x 的关系无规律可循，如图 2-12(a) 和 (f)；y，x 之间存在某种非线性关系。

● $0 < |r| < 1$，此种情况下，y，x 存在一定的线性关系，但有较大的偏差。如图 2-12 (b) 和 (c)，绝对值愈接近 1，实验点愈靠近回归直线，绝对值小，实验点偏离程度愈大。

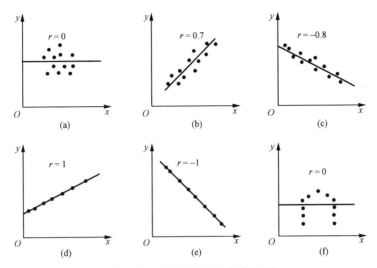

图 2-12　相关系数的几何意义图

● $|r|=1$,此时所有的实验点都落在回归直线上,y 与 x 完全线性相关,见图 2-12(d)和(e)。

一般情况下,$|r|\neq1$,但 $|r|$ 与 1 接近到什么程度才能认为 y,x 之间存在线性关系呢? 这需要对相关系数 r 进行显著性检验。只有当 $|r|>r_{min}$ 时,y,x 之间线性相关程度显著,才能认为 y,x 之间存在线性关系。r_{min} 值可查数学手册中的相关系数检查表。可以根据实验数据点的个数 n 和显著性水平 α,从该表中查出相应的 r_{min}。显著性水平可取 $\alpha=1\%$ 或 5%。

【例 2-14】 已知表 2-6(a)中的实验数据 y_i 与 x_i 成直线关系,求其回归方程并检验数据 x,y 的相关性。

表 2-6(a)　实验测得 y 与 x 的数据

序　号	1	2	3	4	5	6	7	8	9	10
x_i	22	34	39	43	46	54	58	64	67	72
y_i	11	13	16	16	17	15	20	19	24	23

解

表 2-6(b)　实验数据及计算值

序　号	x_i	y_i	x_i^2	$x_i y_i$	y_i^2
1	22	11	484	242	121
2	34	13	1156	442	169
3	39	16	1521	624	256
4	43	16	1849	688	256
5	46	17	2116	782	289
6	54	15	2916	810	225
7	58	20	3364	1160	400
8	64	19	4096	1216	361
9	67	24	4489	1608	576
10	72	23	5484	1656	529
$\sum$	499	174	27176	9228	3182

(1) $\bar{x} = \dfrac{\sum\limits_{i=1}^{10} x_i}{10} = \dfrac{499}{10} = 49.9$

$\bar{y} = \dfrac{\sum\limits_{i=1}^{10} y_i}{10} = \dfrac{174}{10} = 17.4$

$b = \dfrac{l_{xy}}{l_{xx}} = \dfrac{\sum\limits_{i=1}^{10} x_i y_i - n\bar{x}\bar{y}}{\sum\limits_{i=1}^{10} x_i^2 - n\bar{x}^2} = \dfrac{9228 - 10 \times 49.9 \times 17.4}{27176 - 10 \times 49.9^2} = 0.24$

$a = \bar{y} - b\bar{x} = 17.4 - 0.24 \times 49.9 = 5.424$

故回归方程为

$$\hat{y} = 5.424 + 0.24x$$

(2) $l_{xx} = \sum\limits_{i=1}^{10} (x_i - \bar{x})^2 = (22 - 49.9)^2 + (34 - 49.9)^2 + (39 - 49.9)^2$
$\qquad\qquad + (43 - 49.9)^2 + (46 - 49.9)^2 + (54 - 49.9)^2$
$\qquad\qquad + (58 - 49.9)^2 + (64 - 49.9)^2 + (67 - 49.9)^2$
$\qquad\qquad + (72 - 49.9)^2$

$l_{yy} = \sum\limits_{i=1}^{10} (y_i - \bar{y})^2 = (11 - 17.4)^2 + (13 - 17.4)^2 + (16 - 17.4)^2$
$\qquad\qquad + (16 - 17.4)^2 + (17 - 17.4)^2 + (15 - 17.4)^2$
$\qquad\qquad + (20 - 17.4)^2 + (19 - 17.4)^2 + (24 - 17.4)^2$
$\qquad\qquad + (23 - 17.4)^2$

$l_{xy} = \sum\limits_{i=1}^{10} (x_i - \bar{x})(y_i - \bar{y})$
$\quad = (22 - 49.9) \times (11 - 17.4) + (34 - 49.9) \times (13 - 17.4)$
$\qquad + (39 - 49.9) \times (16 - 17.4) + (43 - 49.9) \times (16 - 17.4)$
$\qquad + (46 - 49.9) \times (17 - 17.4) + (54 - 49.9) \times (15 - 17.4)$
$\qquad + (58 - 49.9) \times (20 - 17.4) + (64 - 49.9) \times (19 - 17.4)$
$\qquad + (67 - 49.9) \times (24 - 17.4) + (72 - 49.9) \times (23 - 17.4)$

代入 $r = \dfrac{l_{xy}}{\sqrt{l_{xx} l_{yy}}}$，解得 $r = 0.92$。

查表知 $n = 10$，$\alpha = 5\%$ 时，$r_{min} = 0.635$；$\alpha = 1\%$ 时 $r_{min} = 0.765 < 0.92$。因此，可以说 x 与 y 两变量线性相关在 $100\% - \alpha = 99\%$ 水平上显著，即 x 与 y 之间的关系用直线来回归是合适的。

因此，在 x，y 间求回归直线是完全合理的。

② 多元线性回归

在化工实验中，影响因变量的因素往往有多个。设影响因变量 y 的自变量有 m 个：x_1，x_2，$\cdots$，x_m，通过实验得到下列 n 组观测数据：

$$(x_{1i}, x_{2i}, \cdots, x_{mi}, y_i) \quad i = 1, 2, \cdots, n$$

如果 y 与 $x_1, x_2, \cdots, x_m$ 之间的关系是线性的，则其数学模型为

$$\hat{y} = b_0 + b_1 x_1 + b_2 x_2 + \cdots + b_m x_m$$

多元线性回归的任务是根据实验数据 $y_i, x_{ij}(i=1,2,\cdots,n; j=1,2,\cdots,m)$，求出适当的 $b_0, b_1, \cdots, b_n$ 使回归方程与实验数据符合。

其原理同一元线性回归一样，使 $\hat{y}$ 与实验值 y_i 的偏离平方和 Q 最小：

$$Q = \sum_{i=1}^{n} (y_i - \hat{y}_i)^2 = \sum_{i=1}^{n} (y_i - b_0 - b_1 x_{1i} - b_2 x_{2i} - \cdots - b_m x_{mi})^2 \tag{2-36}$$

令

$$\frac{\partial Q}{\partial b_i} = 0$$

即

$$\frac{\partial Q}{\partial b_0} = -2 \sum_{i=1}^{n} (y_i - b_0 - b_1 x_{1i} - \cdots - b_m x_{mi}) = 0$$

$$\frac{\partial Q}{\partial b_1} = -2 \sum_{i=1}^{n} (y_i - b_0 - b_1 x_{1i} - \cdots - b_m x_{mi}) x_{1i} = 0$$

$$\frac{\partial Q}{\partial b_2} = -2 \sum_{i=1}^{n} (y_i - b_0 - b_1 x_{1i} - \cdots - b_m x_{mi}) x_{2i} = 0$$

$$\cdots$$

$$\frac{\partial Q}{\partial b_m} = -2 \sum_{i=1}^{n} (y_i - b_0 - b_1 x_{1i} - \cdots - b_m x_{mi}) x_{mi} = 0$$

由此得正规方程 $\left(\sum_{i=1}^{n} \text{简化作} \sum \right)$

$$\begin{cases} nb_0 + b_1 \sum x_{1i} + b_2 \sum x_{2i} + \cdots + b_m \sum x_{mi} = \sum y_i \\ b_0 \sum x_{1i} + b_1 \sum x_{1i}^2 + b_2 \sum x_{2i} x_{1i} + \cdots + b_m \sum x_{mi} x_{1i} = \sum y_i x_{1i} \\ b_0 \sum x_{2i} + b_1 \sum x_{1i} x_{2i} + b_2 \sum x_{2i}^2 + \cdots + b_m \sum x_{mi} x_{2i} = \sum y_i x_{2i} \\ \cdots \\ b_0 \sum x_{mi} + b_1 \sum x_{1i} x_{mi} + b_2 \sum x_{2i} x_{mi} + \cdots + b_m \sum x_{mi}^2 = \sum y_i x_{mi} \end{cases} \tag{2-37}$$

方程组经整理可得如下形式的正规方程：

$$\begin{cases} l_{11} b_1 + l_{12} b_2 + \cdots + l_{1m} b_m = l_{1y} \\ l_{21} b_1 + l_{22} b_2 + \cdots + l_{2m} b_m = l_{2y} \\ \cdots \\ l_{m1} b_1 + l_{m2} b_2 + \cdots + l_{mm} b_m = l_{my} \end{cases} \tag{2-38}$$

解此方程组，即可求得待求的回归系数 $b_1, \cdots, b_m$。回归系数 b_0 值由下式来求：

$$b_0 = \bar{y} - b_1 \bar{x}_1 - b_2 \bar{x}_2 - \cdots - b_m \bar{x}_m$$

正规方程(2-38)的系数的计算式如下：

$$l_{11} = \sum (x_{1i} - \bar{x}_1)(x_{1i} - \bar{x}_1) = \sum x_{1i}^2 - \frac{1}{n} \left(\sum x_{1i} \right) \left(\sum x_{1i} \right)$$

$$= \sum x_{1i}^2 - \frac{1}{n} \left(\sum x_{1i} \right)^2$$

$$l_{12} = \sum (x_{1i} - \bar{x}_1)(x_{2i} - \bar{x}_2) = \sum x_{1i}x_{2i} - \frac{1}{n} \left(\sum x_{1i} \right) \left(\sum x_{2i} \right)$$

$$\vdots$$

$$l_{1m} = \sum (x_{1i} - \bar{x}_1)(x_{mi} - \bar{x}_m) = \sum x_{1i}x_{mi} - \frac{1}{n} \left(\sum x_{1i} \right) \left(\sum x_{mi} \right)$$

$$l_{21} = l_{12}$$

$$\vdots$$

$$l_{32} = l_{23}$$

$$\vdots$$

$$l_{1y} = \sum (y_i - \bar{y})(x_{1i} - \bar{x}_1) = \sum x_{1i}y_i - \frac{1}{n} \left(\sum x_{1i} \right) \left(\sum y_i \right)$$

$$l_{yy} = \sum (y_i - \bar{y})^2 = \sum y_i^2 - \frac{1}{n} (y_i)^2$$

可用以下通式表示系数的计算式：

$$l_{kj} = \sum (x_{ji} - \bar{x}_j)(x_{ki} - \bar{x}_k) = \sum x_{ji}x_{ki} - \frac{1}{n} \left(\sum x_{ji} \right) \left(\sum x_{ki} \right)$$

$$l_{jy} = \sum (y_i - \bar{y})(x_{ji} - \bar{x}_j) = \sum x_{ji}y_i - \frac{1}{n} \left(\sum x_{ji} \right) \left(\sum y_i \right)$$

式中，下标 $i=1,2,\cdots,n$；$k=1,2,\cdots,m$；$j=1,2,\cdots,m$；

n—数据的组数；

m—m 元线性回归；回归模型中自变量 x 的个数；正规方程组(2-38)的行数和列数。

线性方程组(2-38)的求解，可采用目前应用较多的高斯消去法。高斯消去法的本质是通过矩阵的行变换来消元，将方程组的系数矩阵变换成三角阵，从而达到求解的目的。

【例 2-15】 已知 y 为 x_1,x_2 之线性函数，实验测得 y_i 与 x_{1i},x_{2i} 之关系如表 2-7 所示，试求 $y=b_0+b_1x_1+b_2x_2$。

表 2-7　y_i 与 x_{1i},x_{2i} 的关系

n	x_1	x_2	y	x_1^2	x_2^2	$x_1 x_2$	$x_1 y$	$x_2 y$
1	1.0	2.0	15	1.0	4.0	2.0	15.0	30.0
2	2.5	3.0	24	6.25	9.0	7.5	60.0	72.0
3	5.0	4.0	37	2.5	16.0	20	185	148
4	6.5	5.0	46	42.25	25.0	32.5	299	230
5	8.0	6.0	55	64	36.0	48	440	330
$\sum$	23	20	177	138.5	90.0	110.0	999	810

解　由正规方程，可得

$$b_0 = \bar{y} - b_1\bar{x}_1 - b_2\bar{x}_2$$

$$\begin{cases} l_{11}b_1 + l_{12}b_2 = l_{1y} \\ l_{21}b_1 + l_{22}b_2 = l_{2y} \end{cases}$$

$$b_1 = \frac{l_{1y}l_{22} - l_{2y}l_{12}}{l_{11}l_{22} - l_{21}^2}$$

其中

$$l_{11} = \sum x_1^2 - \frac{1}{n}\left(\sum x_1\right)^2$$

$$l_{21} = \sum x_1 x_2 - \frac{1}{n}\sum x_1 \sum x_2$$

$$l_{22} = \sum x_2^2 - \frac{1}{n}\left(\sum x_2\right)^2$$

$$l_{1y} = \sum x_1 y - \frac{1}{n}\sum x_1 \sum y$$

$$l_{2y} = \sum x_2 y - \frac{1}{n}\sum x_2 \sum y$$

计算得

$$l_{11} = 138.5 - 23^2/5 = 32.7$$
$$l_{21} = 110 - 23 \times 20/5 = 18$$
$$l_{22} = 90 - 20^2/5 = 10$$
$$l_{1y} = 999 - 23 \times 177/5 = 184.8$$
$$l_{2y} = 810 - 20 \times 177/5 = 102$$
$$b_1 = \frac{184.8 \times 10 - 102 \times 18}{32.7 \times 10 - 18^2} = 4.0$$
$$b_2 = \frac{102 \times 32.7 - 184.8 \times 18}{32.7 \times 10 - 18^2} = 3.0$$
$$b_0 = 177/5 - 4 \times 23/5 - 3 \times 20/5 = 5.0$$

得回归方程为

$$\hat{y} = 5.0 + 4.0x_1 + 3.0x_2$$

③ 非线性回归

实际问题中变量间的关系很多是非线性的,处理这些非线性函数的主要方法是将其转化成线性函数。

● 一元非线性回归

对于有关非线性函数

$$y = f(x)$$

可以通过函数变换,令 $Y = \phi(y)$, $X = \varphi(x)$,转化成线性关系:

$$Y = a + bX$$

● 一元多项式回归

由数学分析可知,任何复杂的连续函数均可用高阶多项式近似表达,因此对于那些较难线性化的函数,可以用下式逼近:

$$y = b_0 + b_1 x + b_2 x^2 + \cdots + b_n x^n$$

如令 $Y = y$, $X_1 = x$, $X_2 = x^2$, $\cdots$, $X_n = x^n$,则上式转化为多元线性方程:

$$Y = b_0 + b_1 X_1 + b_2 X_2 + \cdots + b_n X_n$$

这样,就可用多元线性回归求出系数 $b_0, b_1, \cdots, b_n$。

注意,虽然多项式的阶数愈高,回归方程的精度(与实际数据的逼近程度)愈高,但阶数愈高,回归计算的舍入误差也愈大。所以当阶数 n 过高时,回归方程的精度反而降低,甚至得不到合理结果,故一般取 $n=3\sim4$ 即可。

● 多元非线性回归

一般也是将多元非线性函数化为多元线性函数,其方法同一元非线性函数。

如圆形直管内强制湍流时得对流传热关系式:

$$Nu = a\,Re^b\,Pr^c$$

方程两端取对数,得

$$\lg Nu = \lg a + b\lg Re + c\lg Pr$$

令

$$Y = \lg Nu, \quad b_0 = \lg a, \quad X_1 = \lg Re$$
$$X_2 = \lg Pr, \quad b_1 = b, \quad b_2 = c$$

则可转化为多元线性方程

$$Y = b_0 + b_1 X_1 + b_2 X_2$$

由此可按多元线性回归方法处理。

本章符号表

A—真值 x_l—对数平均值

d—绝对误差 Δx—测量值 x 的增量

e—相对误差 y—测量值的函数

n—测量次数 Δy—函数值 y 的增量

P—仪表等级 x—测量值

$\bar{x}$—算数平均值 $\dfrac{\partial y}{\partial x_i}$—误差传递系数

x_s—均方根平均值 δ—算数平均误差

x_c—几何平均值 σ—标准误差

参考文献

[1] 王建成,卢燕,陈振. 化工原理实验[M]. 上海:华东理工大学出版社,2007.

[2] 徐伟. 化工原理实验[M]. 济南:山东大学出版社,2008.

[3] 张金利,张建伟,郭翠梨,胡瑞杰. 化工原理实验[M]. 天津:天津大学出版社,2005.

[4] 魏静莉,主编. 化工原理实验[M]. 北京:国防工业出版社,2003.

第三章 化工实验参数测量技术及常用仪器仪表的使用

在化工生产和实验中,常需测量温度、压力、流量、液位等参数,需要采用多种各类测量仪表,测量数据的优劣与测量仪表的性能密切相关。因此,全面深入地了解测量仪表的特性以及仪表的结构和工作原理,才能合理地选用仪表,正确地使用仪表,从而得到优质的测量数据。

3.1 测量技术基础知识

实验数据的测定与仪器性能紧密联系,而仪器性能由仪器各个特性参数决定。因此,化工实验参数测量技术的高低、测量数据的好坏从根本上取决于表征仪表特性的参数,主要有仪器的使用范围、灵敏度、精密度、准确度、稳定性、线性范围等。

3.1.1 量程与精度

1. 量程

量程即仪表的测量范围,任何测量仪表都有其相应的量程。

测定数据的准确与否与仪表的量程密切相关,选用的仪表量程过大时,测量过程中会出现测量值反应不灵敏的现象,造成较大的误差;量程过小时,测量值又将会超过仪表的承受能力,毁坏仪表。因此,使用者必须对所用仪表的测量范围心中有数,避免出现量程过大或过小的现象,选择合适量程的仪表以得出准确的测量值。

2. 精度

所谓精度,是指测量值与真实值的接近程度。在化工操作及实践过程中,用仪表测量数据时,不可避免地会产生各种各样的测量误差。为了估计测量值误差的大小,不仅需要了解仪表的量程,而且还应知道仪表的精度。精度常使用三种方式来表征:① 最大误差占真实值的百分比,如测量误差 3%;② 最大误差,如测量精度 ±0.02mm;③ 误差正态分布,如误差 0%~10% 占比例 65%,误差 10%~20% 占比例 20%,误差 20%~30% 占 10%,误差 30% 以上占 5%。

比较以上三种表征方式,可以看出:

(1) 最大误差百分比方式简单直观。但由于基于真实值,不具体。在不知道真实值的情况下,无法判读误差的具体大小。

(2) 最大误差方式简单直观,反映了误差的具体值,但是有片面性。

(3) 误差正态分布方式科学、全面、系统,但是表述较为复杂,所以反而不如前两种应用广泛。

在化工实验中,测量仪表的精度常用正常条件下最大的或允许的相对百分误差 δ 来表示,其公式为

$$\delta = \frac{|x - x_0|}{x_2 - x_1} \times 100\%$$ (3-1)

式中,x—被测参数的测量值;

　　　x_0—被测参数的标准值(常取高级精度仪表测量值);

　　　x_1—量程下限值;

　　　x_2—量程上限值。

由式(3-1)可见:仪表的精度不仅与测量的绝对误差 $\Delta x = |x - x_0|$ 有关,还与仪表的量程有关。因此,仪表的量程是决定仪表精度的重要因素。

在正常工作条件下,即:重力场中,环境仪表温度为(25 ± 10)℃,大气压为(100 ± 4)kPa,大气相对湿度为$(65\% \pm 15\%)$时,仪表的相对百分误差可以表示仪表的精度等级。其精度等级数越大,允许误差占表盘刻度极限值越大,也就是说,相对百分误差愈小,精度等级愈高。量程越大,同样精度等级的仪表测得压力值的绝对值允许误差越大。经常使用的精度为 2.5 级、1.5 级,如果是 1.0 和 0.5 级的属于高精度,现在有的仪表已经达到 0.25 级。

3.1.2　灵敏度与灵敏限

1. 灵敏度

灵敏度是衡量物理仪器的一个标志,是控制系统的一项基本性能指标,是仪表系统的输出变量对系统特性或参数变化的敏感程度。灵敏度的高低反映系统在特性或参数改变时偏离正常运行状态的程度。灵敏度用仪表的输出量变化值与相应的输入量变化值之比来表示,即

$$S = \frac{\Delta a}{\Delta b} \times 100\%$$ (3-2)

式中,S—仪表的灵敏度;

　　　Δa—仪表输出量变化值;

　　　Δb—仪表输入量变化值。

对于线性测量仪表,输出量与输入量应呈直线关系,其灵敏度就是拟合直线的斜率,即灵敏度为常数;对于非线性仪表,其灵敏度不是常数。

2. 灵敏限

灵敏限是指引起仪表输出变化的被测参数的最小变化量。一般,灵敏限的数值应小于仪表最大绝对误差的二分之一,即

$$灵敏限 \leqslant \frac{1}{2} |x - x_0|_{max}$$ (3-3)

由(3-1)式知

$$|x - x_0|_{max} = \delta |x_2 - x_1|$$

$$灵敏限 \leqslant \frac{等级精度}{2 \times 100} |x_2 - x_1|$$ (3-4)

3.1.3　线性度与回差

1. 线性度

线性度又称为非线性误差,是校准曲线接近规定直线的吻合程度。线性度表征测量仪表的输出输入关系曲线与所选用的拟合直线(拟合直线是一条通过一定方法绘制出来的直线,可看成理论直线或工作直线)之间的偏差,通常用相对误差表示,即

$$\delta_{\mathrm{L}} = \pm \frac{\Delta L_{\max}}{Y_{\mathrm{FS}}} \times 100\% \tag{3-5}$$

式中,$\Delta L_{\max}$—输出值与拟合直线间的最大差值;

Y_{FS}—理论满量程输出值。

一般要求测量仪表的线性度要高,即相对误差 δ_{L} 要小,δ_{L} 值越小,表明线性特性越好。但是由于各种条件因素的影响,理论上具有线性刻度的测量仪表的实际测量曲线与理论直线往往存在偏差,如图 3-1 所示。

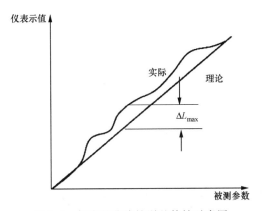
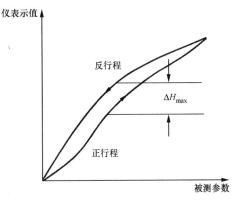

图 3-1　仪表的非线性误差特性示意图　　　图 3-2　仪表的回差特性示意图

2. 回差

回差又称变差,是指在仪表全部测量范围内,被测量值上行和下行所得到的两条特性曲线之间的最大偏差,见图 3-2。用它来表征测量仪表在正(输入量增大)、反(输入量减小)行程中,输入输出关系曲线的偏差程度。常用在相同的输入量下,正反行程输出的最大差值 $\Delta H_{\max}$ 与 Y_{FS} 的相对比值表示,即

$$S_{\mathrm{H}} = \frac{\Delta H_{\max}}{Y_{\mathrm{FS}}} \times 100\% \tag{3-6}$$

3.1.4　重复性与稳定性

1. 重复性

将处于相同的测量环境,在相同的位置、相同的条件下,采用相同的测量仪器,对同一被测量物进行连续多次测量所得结果之间的一致性,称为重复性。它表示的是在化工仪表使用过程中,输入量按同一方向作全量程多次变化时所得特性曲线之间的一致程度。各条特性曲线愈靠近,重复性愈好,说明仪表的可靠程度愈高。

2. 稳定性

稳定性是指测量仪器的计量特性随时间不变化的能力。若稳定性不是对时间而言，而是对其他量而言，则应该明确说明。稳定性可以进行定量的表征，主要是确定计量特性随时间变化的关系。它是指在相当长的时间内，测量仪表保持其性能的能力。一般用室温下，经过某一规定时间后的输出与起始输出之间的差异表示。

3.1.5　反应时间

反应时间通常是指，当测量发生突变时，仪表指示值作出相应反应的时间间隔。反应时间表征了仪表对输入量的突变作出适当反应的能力，反应时间的长短实际上反映了仪表动态特性的优劣。反应时间过长时，仪表往往不能及时显示输入量瞬时值的真实情况，将产生较大误差。根据实际需求，反应时间的表示可采用不同的标准。例如，当输入量发生突变时，可用输出量由开始变化到新稳定值的 63.2% 所需时间表示反应时间，也可用变化到新稳定值的 95% 所用时间表示反应时间。

3.2　压力测量技术及使用的仪表

3.2.1　压力技术概述

在工程技术领域中，常将"压强"称为"压力"（用符号 P 表示），此时的"压力"和物理学中的"压强"属同一概念，是物质（如气体、液体等）的一个重要的状态函数。其定义为垂直而均匀地作用于物体单位面积上的力（即压力）。而非物理学中的"压力"，请大家注意区分。

在国际标准(SI)单位制中，压强的单位为牛顿每平方米（N/m^2），称为帕斯卡（用符号 Pa 表示），根据需要，也可以用 kPa(1000Pa) 和兆帕(10^6 Pa)为单位。此外，压强的单位还有标准大气压、mmHg 柱、水柱、巴（bar）、毫巴（mb）、公斤力（kgf/m^2）和托（torr）等，这些单位不常使用，已经废除。

压力在化学工业和科学实验中是一个非常重要的操作参数。它可以决定流体运行的阻力和具有能量的高低，以及化学反应进行的条件等情况。压力也是实验安全和生产安全的重要控制因素，因为在一定温度下，设备的安全受压力的制约，超过安全允许的压力范围将容易发生爆炸事故。因此，压力的测量对于化工单元操作过程或科研训练过程至关重要。例如，测量精馏、吸收等化工单元操作所用的塔器塔顶、塔釜的压力对监测塔器的正常操作甚为重要。又如在离心泵性能实验中，为了解泵的性能和安装的正确性，测量泵进出口的压力是必不可少的。

在工程技术领域，由于测试的基准不同，对压力的表示形式也有所不同，有绝对压力（是相对于绝对真空测定的压力）、大气压力（在地球表面由于空气质量而产生的压力）、表压（是由压力表显示的压力值）、真空度（又叫负压，是由真空压力表显示的压力值）和压差（指两个压力之间的差值）。

在化工生产和科学研究中所涉及的压力测量范围很广，从 1000MPa（例如，高压聚乙烯要在 150 MPa 或更高压力下聚合)到远低于大气压的负压(例如,石油加工中的减压精馏,要在比大气压低得多的真空条件下进行),要求的精度各不相同,而且还常常需要测量高温、低温、强腐蚀及易燃易爆介质的压力,因此要针对不同要求采取不同的测量方法。如生产中应用的"托力表"就是测量压力的仪器。

3.2.2 压力仪表的分类

实验室中测量压力及压差的常用仪表,就其原理来说分为两种:

一是液柱压力计。该种仪表是根据压力的定义直接测量单位面积上受力的大小,如用液柱本身的重力去平衡被测压力,通过液柱的高低给出压力值,或者靠重物去平衡被测压力并通过砝码的数值给出压力值。

二是弹性压力计。主要是应用压力作用于物体后所产生的各种物理效应来实现压力测量,这方面以应用各种弹性测量元件的机械形变实现压力测量最为广泛,即:弹性变形法,并且多是转换为电信号作为输出信号,便于应用和显示。

另外,还有活塞式、电测式、数显式等压力仪表。

1. 液柱压力计

用该种仪表进行压力测量的方法称为液柱测压法,它是以流体静力学原理为基础的。该方法所用液体种类很多,有用单纯物质,也有用混合液体的。无论采用何种液体,为了便于读数和保证准确性,所用液体与被测介质接触处必须有一个清楚而稳定的分界面。常用的工作液体有水、水银、酒精、甲苯等。

液柱压力计一般有充有水或水银等液体的玻璃 U 形管压差计、∩形(倒 U 形)管压差计、直立单管压差计、斜管压差计和微差压力计等,其结构如图 3-3 所示。下面简单介绍一下这几种常见压力计的特性。

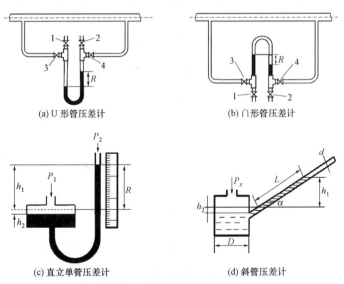

(a) U 形管压差计   (b) ∩形管压差计

(c) 直立单管压差计   (d) 斜管压差计

图 3-3 液柱压差计的结构

（1）U 形管压差计

在图 3-3(a)所示的 U 形管中，其两端连接两个测压点。由于两边压力不同，两边液面会产生高度差 R，根据读数 R，可依下式计算两点间的压差：

$$P_1 - P_2 = gR(\rho_0 - \rho) \tag{3-7}$$

式中，ρ_0——管路中液体密度，kg/m^3；

ρ——U 形管中指示液密度，kg/m^3。

U 形管压差计的测量误差一般可达 2 mm，一般压力差高度 R 不超过 1500 mm。该压差计零点在标尺中间，用前不需要调零，常用于标准压力校准。

（2）∩ 形（倒 U 形）管压差计

图 3-3(b)即为 ∩ 形管压差计，指示液通常用水，适用较小压差的测量，一般压力差高度 R 不超过 1500 mm。相应的压差计算公式为

$$P_1 - P_2 = gR(\rho_水 - \rho_{空气}) \tag{3-8}$$

（3）单管压差计

单管压差计分直立和斜管两种。用单管压差计可直接测出某处的表压。

直立时，如图 3-3(c)所示，此时一般压力差高度 R 不超过 1500 mm。这种压差计零点在标尺下端，用前需调零，可用作校准器。

$$P_表 = \rho_0 gR \tag{3-9}$$

倾斜时，如图 3-3(d)所示，此时一般压力差高度 R 不超过 1500 mm。当 $\alpha < 15° \sim 20°$ 时，可改变 α 的大小来调整测量范围。这种压差计零点在标尺上端，用前需调零。

$$P_表 = \rho_0 gL \sin\alpha \tag{3-10}$$

式(3-9)和(3-10)中，ρ_0——指示液密度，kg/m^3。

测量时左边容器内指示液液位略有下降，要求准确时可按下式进行修正：

直立时：
$$P_表 = R + \left(\frac{d}{D}\right)^2 R' \tag{3-11}$$

倾斜时：
$$P_表 = L\rho_0 g \left[\sin\alpha + \left(\frac{d}{D}\right)^2\right] \tag{3-12}$$

式中，R'——容器内液位不下降时的读数，mm；

d——玻璃管内径，mm；

D——容器内径，mm。

单管压差计的测量误差可达 1 mm。

（4）使用注意事项

因为液柱压力计存在耐压程度差、结构不牢固、容易破碎、测量范围小、示值与工作液体密度有关等缺点，所以在使用中必须注意以下几点：

① 被测压力不能超过仪表测量范围。若被测对象突然增压或操作不当造成压力骤升，会将工作液冲走。如果是水银，还可能造成污染和中毒，要特别注意！

② 被测介质不能与工作液混合或起化学反应，否则，应更换其他工作液或采取加隔离液的方法。

③ 液柱压力计安装位置应避开过热、过冷和有震动的地方。因为工作液过热易蒸

发,过冷易冻结,震动太大会把玻璃管震破,均会造成测量误差,甚至根本无法指示。

④ 由于液体的毛细现象及表面张力作用,会引起玻璃管内液面呈弯月状。读取压力值时,观察水(或其他对管壁浸润的工作液)时应看凹面最低处;观察水银(或其他对管壁不浸润的工作液)时应看凸面最高点。

⑤ 需要水平放置的仪表,测量前应将仪表放平,再校正零点。

⑥ 工作液为水(或其他透明液体)时,可在水中加入一点红墨水或其他颜料,以便于观察读数。

⑦ 使用过程中要保持测量管和刻度标尺的清晰,并定期更换工作液。

使用 U 形管时,要先充入水银(约至高度一半处)及被测液体(实验中一般是水),使用前应将气泡排出。排气时,首先开动水泵让水流经测压点所在的管路,打开 U 形管顶端的两个小旋塞,使气泡与水流一起流出,排出的水流中不夹带气泡时,排气操作即可结束。如果打开旋塞后无水排出,表示测压点为负压,可增大或减小管内流速,使水和气泡排出。

∩ 形管的排气操作原理与 U 形管相同,排气时,图 3-3(b)中 3、4 两个旋塞要全开,排气完毕后,还要进行管内水位调整。如果水位过高(空气少),可关闭 3、4 旋塞,打开 1、2 旋塞,排出部分水,吸入空气。如果空气过多,可关闭 3、2 旋塞,打开 4、1 旋塞,排出部分空气,直至水位合适为止。当玻璃管内有气泡时,可打开 3、4 旋塞,然后将 1、2 旋塞开开关关,玻璃管内水位就会升升降降,在此过程中气泡会上升而排出。

2. 弹性压力计

弹性压力计测压的基本原理是虎克定律:被测压力作用于弹性元件时,弹性元件产生相应的弹性形变,其形变的大小与作用弹簧的压力成一定的线性关系,根据形变的大小便可计算出被测压力的数值。根据弹性敏感元件的不同,可以有不同类型,如单圈和多圈弹簧管、膜片式、膜盒式和波纹管式等。其结构和特性见表 3-1。其中弹簧管可用于高、中、低压或真空度的测量,波纹膜片和波纹管多用于微压和低压测量。

根据这种原理制成的仪表,其性能主要取决于弹性元件的弹性特性,而它又与弹性元件的材料、加工和热处理质量有关,同时还与环境温度有关。由于温度变化会影响弹性元件的特性,因此,要选择温度系数小的材料制作压力检测元件。高压弹性元件用钢和不锈钢制成,低压弹性元件大多采用黄铜、磷青铜和铍青铜合金。这样的测压仪表结构简单,造价低廉,精度较高,便于携带和安装使用,测压范围宽,目前在工业测量中应用最广。其中使用最广泛的是弹簧管压力计,它主要由弹簧管、齿轮传动机构、示数装置(指针和分度盘)以及外壳等几部分组成。

为了保证弹簧管压力计正确指示和长期使用,仪表安装与维护时需注意以下事项:

(1) 应工作在允许压力范围内,静压力下一般不应超过测量上限的 70%,压力波动时不应超过测量上限的 60%。

(2) 工业用压力表的使用条件为环境温度 $-40\sim+60$ ℃,相对湿度小于 80%。

(3) 仪表安装处与测定点之间的距离应尽量短,以免指示迟缓。

(4) 在震动情况下使用仪表时要装减震装置。

(5) 测量结晶或粘度较大的介质时,要加装隔离器。

表 3-1　弹性元件的结构与特性

类别	名称	示意图	测量范围(MPa)		输出特性	动态特性	
			最小	最大		时间常数(s)	自振频率(Hz)
薄膜式	平薄膜		$0\sim10^{-2}$	$0\sim10^{2}$		$10^{-3}\sim10^{-2}$	$10\sim10^{4}$
	波纹膜		$0\sim10^{-6}$	$0\sim1$		$10^{-2}\sim10^{-1}$	$10\sim10^{2}$
	挠性膜		$0\sim10^{-9}$	$0\sim0.1$		$10^{-2}\sim1$	$1\sim10^{2}$
波纹管式	波纹管		$0\sim10^{-6}$	$0\sim1$		$10^{-2}\sim10^{-1}$	$10\sim10^{2}$
弹簧管式	单圈弹簧管		$0\sim10^{-4}$	$0\sim10^{3}$		—	$10^{2}\sim10^{3}$
	多圈弹簧管		$0\sim10^{-5}$	$0\sim10^{2}$		—	$10\sim10^{2}$

（6）仪表必须垂直安装，无泄漏现象。

（7）仪表测定点与仪表安装处应处于同一水平位置，否则，会产生附加高度误差。必要时需加修正值。

（8）测量爆炸、腐蚀、有毒气体的压力时，应使用特殊的仪表。氧气压力表严禁接触油类，以免爆炸。

（9）仪表必须定期校正，合格的表才能使用。

3. 活塞式压力计

活塞式压力计的测压原理是流体静压原理和帕斯卡原理,它是利用作用于已知有效面积活塞上的专用砝码来平衡被测系统压力的测压仪器,又称为砝码式压力计、静重活塞式压力计或压力天平,主要用于计量室、实验室以及生产或科学实验环节作为压力基准器使用,也有将活塞式压力计直接应用于高可靠性监测环节,对当地其他仪表进行监测。

活塞和活塞筒采用高强度、高硬度和低温度线胀系数的合金钢、碳化钨等材料制成,温度膨胀系数小、变形量小,因而保证活塞有效面积周期变化率较小,从而保证活塞式压力计有极高的灵敏度。活塞和活塞筒经精工研磨,其圆度误差和间隙极小,工作介质采用低粘度的癸二酸酯,因而极大地提高了活塞转动延续时间,也就相应减小了活塞下降速度,从而提高活塞鉴别力。这种压力计的测量范围有:$0.04 \sim 0.6\,MPa$、$0.1 \sim 6\,MPa$、$0.5 \sim 25\,MPa$ 和 $1 \sim 60\,MPa$,可根据实际需要适当选择。

4. 电测式压力计

随着工业自动控制技术的发展和计算机技术的普及和提高,仅仅采用就地指示仪表测定待测压力远远不能满足要求,往往需要利用计算机采集数据,进而转换成容易远传的电信号,以便于集中检测和控制,故出现了电测式压力计。能够测量压力并将电信号远传的装置称为压力传感器。电测法就是通过压力传感器直接将被测压力变换成与压力成一定函数关系的电阻、电流、电压、频率等形式的电信号输出的压力测量方法。

这种方法在自动化系统中具有重要作用,用途广泛,除用于一般压力测量外,尤其适用于快速变化和脉动压力的测量。常见压力传感器的类型有:压变式、固态压阻式、压电式、电感式、电容式、霍尔式、振频式等。不同类型的压力传感器的原理有所区别。

压阻式压力传感器:根据压阻效应(硅、锗等半导体材料,因外力作用产生压缩或拉伸时,其电阻率随其内应力而改变,这称为压阻效应)这一原理,从测定材料的电阻率变化而得压力值。

压电式压力传感器:当压力作用于石英、锆酸铅、钛酸钡、电石、磷酸铵等晶体时,晶体会产生变形,晶体的两个表面上出现电荷差异而产生电压信号。测量该电信号即可测出压力。

电感式压力传感器:利用压力变化引起传感元件自感强度和互感强度的变化来测量压力。

电容式压力传感器:压力作用于电容极板,导致电容值发生变化。

霍尔式压力传感器:位于磁场中的静止载流体,当其电流 I 的方向与磁场强度 H 的方向有夹角时,则在载流体中平行于 H 和 I 的两个侧面之间产生电动势,这一物理现象称为霍尔现象。由半导体制成的霍尔元件随着压力敏感元件在压力作用下产生位移,使之在磁场中移动,以致输出的电信号与压力成一定关系。

振频式压力传感器:利用物体自由振荡频率与外界压力之间的函数关系进行压力测量。

另外,还有涡流式、压杆式、力平衡式、光导纤维式等形式的压力传感器。在实际化工操作或实验过程中用到时,可以查阅有关资料。

3.3　流量测量技术及使用的仪表

流体流量的测量是化工实验和化工生产中的重要操作。随着科学技术和化工生产的发展,生产环境日趋复杂,流体流量和流速测量技术也日益提高。因此,必须针对不同情况采用不同的测量方法和仪表。流量计就是测量流体流量的仪器。根据测量方式的不同,当前常用的流量测量仪表可分两大类:体积流量计和质量流量计。

近年来新的测量方法和仪表不断涌现,但化工测量和实验室中常用的体积流量计有节流式流量计、转子流量计、涡轮流量计、湿式气体流量计、毛细管流量计和皂膜流量计等;而常用的质量流量计有热式质量流量计、压差式质量流量计等。下面仅对常用的几种流量计分别进行简要介绍。关于其他一些类型的流量计,如有遇到可参考相关文献。

3.3.1　节流式流量计

节流式流量计属于恒收缩口、变压头的流量计,是利用液体流经节流装置时产生压力差而实现流量测量的。它通常由节流元件和压差计组成。节流元件能将被测流量转换成压力差信号,如孔板、喷嘴、文丘里管等;压差计用于测量压力差。流体流经节流元件时,由于通道截面突然减小,根据柏努利方程,流体流速变化,在节流元件前后会产生压差变化,流量愈大,压差变化愈大,因而可用压差的大小指示流量。

根据节流元件结构的不同,节流式流量计有孔板流量计、喷嘴式流量计和文丘里流量计等几种类型。

1. 流量基本方程

由连续性方程和柏努利方程可以导出通过流量计的流量和压差的关系方程,此方程称为流量基本方程,具体形式如下:

$$V_s = CS_0 \sqrt{\frac{2}{\rho}(P_1 - P_2)} \tag{3-13}$$

式中,V_s—流体体积流量,m^3/s;

$P_1 - P_2$—节流孔上下的压差,Pa;

ρ—流体密度,kg/m^3;

C—流量系数;

S_0—节流孔开孔面积,m^2。

上式适应于不可压缩流体;对可压缩流体,可在该式右边乘以被测流体膨胀校正系数 ε。

式(3-13)中流量系数 C 一般要用实验测定,但对标准节流元件有确定的数据可查,不必进行测定。流量系数可分为实际流量系数 C 和原始流量系数 C_0,这里的流量系数是实际流量系数。一般 C 和 C_0 两者数值不同,但随 Re_D(管路雷诺准数)的变化规律相似。C 和 C_0 的关系为:

标准孔板 $\qquad\qquad\qquad\qquad\qquad C = C_0 k_1 k_2 k_3 \tag{3-14}$

其他标准节流元件 $\qquad\qquad\qquad C = C_0 k_1 k_2 \tag{3-15}$

式中，k_1——粘度校正系数；

k_2——管壁粗糙度校正系数；

k_3——孔板入口边缘不尖锐程度的校正系数。

k_1,k_2,k_3的数值可从有关专著中查到。

影响原始流量系数C_0的因素较多，当节流元件结构、尺寸、取压方式、管壁、粗糙度均一定时，原始流量系数

$$C_0 = f(Re_D, m) \tag{3-16}$$

其中，$m = \dfrac{A_0}{A}$为直径比。对几何相似的节流装置，m为一定值，则C_0仅随雷诺准数Re_D变化，即$C_0 = f(Re_D)$。

图 3-4 给出了几种标准节流元件的C_0与Re_D的关系图。图中曲线以m作为参变量。由图显见，当Re_D大于某一值后，C_0基本不随Re_D变化，趋向于一个常数。选择合理的流量计，C_0值应为常数。确定C_0值后，再根据式（3-14）式（3-15）得出流量系数C，进而可用式（3-13）计算流量。

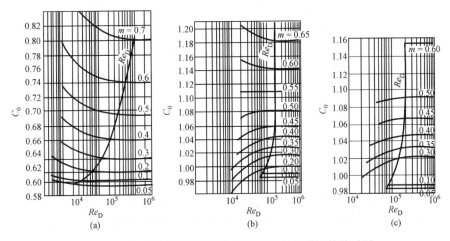

图 3-4　标准流量装置的原始流量系数与雷诺准数关系图
（a）标准孔板　（b）标准喷嘴　（c）标准文丘里管

2. 常用的节流元件

标准节流装置由标准节流元件、标准取压装置和节流元件前后测量管三部分组成。目前国际标准已规定的标准节流装置有：① 角接取压标准孔板；② 法兰取压标准孔板；③ 径距取压标准孔板；④ 角接取压标准喷嘴（ISA1932 喷嘴）；⑤ 径距取压长径喷嘴；⑥ 文丘里喷嘴；⑦ 古典文丘里管。

按照上述标准规定设计、制造的节流式流量计，制成后可直接使用而无需标定。通过压差测量仪表测得压差后，根据流量公式和国家标准中的流量系数即可算出流量值，还能计算流量测量的误差，误差一般在 0.5%～3%。在实际工作中，如果偏离了标准中的规定条件，就会引起误差，此时应对该节流装置进行实际标定。

下面简单介绍几种常用节流元件。

（1）孔板

孔板是一块带圆孔的板,孔板锐口一侧为流体输入面,圆孔应与管道同心,可用不锈钢、铜或铝合金等材料制成。其优点是结构简单、易加工、造价低,但能耗大。孔板流量计流体能量损失很大,其压差计的读数 R 是以机械能损失为代价取得的。该种流量计不适用于脏污或腐蚀性介质,因为这些介质在测量过程中可导致节流装置变脏、磨损和变形。

（2）喷嘴

喷嘴为一喇叭形开口短板,其喇叭形扩口应对着流体的输入方向。其测量精度高,能量损失比孔板流量计小,但是比文丘里管大,可用于腐蚀性大或脏污流体的测量,喷嘴前后所需的直管段长度较短。

（3）文丘里管

文丘里管是由入口圆管段、圆锥形收缩段、圆筒形喉管段及圆锥形扩散段组成。其上游的圆锥形收缩段较下游的圆锥形扩散段短。它是能量损失最小的节流元件,流体流过文丘里管后压力基本能恢复,不存在永久压降,主要用于低压气体的输送。但其制造工艺较复杂,价格较高,这就限制了其推广应用。

3. 使用节流式流量计应注意的问题

使用节流式流量计测量流量时,影响流动形态、速度分布和能量损失的各种因素,都会对流量与压差的关系产生影响,从而导致测量误差。因此,使用时必须注意以下有关的问题:

（1）流体必须是牛顿型流体,流动状态是稳定的,以单相形式存在,且流经节流元件时不发生形变,如不发生蒸发,液体不结晶,以及溶解在液体中的气体不释放出来等。

（2）节流元件应安装在水平管道上。

（3）流体在节流元件前后必须充满整个管道截面。

（4）节流元件前后应有足够长的直管段作为稳定段,一般上游直管段长度为 $30d\sim 50d$（d 为直管管径）,下游直管段 $>10d$。在稳定段中不能安装各种管件阀件和测压、测温等测量装置。

（5）注意节流元件的安装方向,使用孔板时,应使锐孔朝向上游;使用喷嘴时,喇叭形曲面应朝向上游;使用文丘里管时,较短的渐缩管应装在上游。

（6）在节流装置前后 $2d$ 的一段管道内表面上,不能是明显的粗糙面或有不平现象和凸出物（包括外来物,如温度计套管、垫圈等）。安装节流元件的垫圈夹紧之后,内径不得小于管道直径。

（7）当被测流体密度与标准流体密度不同时,应对流量与压差的关系进行校正。

（8）节流装置前后的直管管径必须符合设计要求,其管道管径的允许误差为:当 $d_0/d\leqslant 0.55$ 时,允许误差为 $\pm 0.02d$;当 $d_0/d>0.55$ 时,允许误差为 $\pm 0.005d$。其中 d_0 为节流元件喉管段直径,d 为直管管径。

（9）节流元件的中心应位于管道的中心线上,最大允许偏差不得大于 $0.01d$,而且节流元件流体入口端面必须与管道中心线垂直。

（10）长期使用后,应注意节流元件的腐蚀、磨损、结污等问题,并需要及时清理。

3.3.2　转子流量计

转子流量计属于变收缩口、恒压头的流量计,是通过改变流通面积来指示流量的,是变面积式流量计的一种,除此之外还有冲塞式流量计、活塞式流量计等。而转子流量计又分为玻璃转子和金属转子、就地指示和远传式几种,具有结构简单,读数直观,测量范围大,使用方便,价格便宜,刻度均匀,量程比(仪器测量范围上限与下限之比)大等优点,特别适合小流量测量。若选择适当的锥形管和转子材料,还能测量腐蚀性流体的流量,所以被广泛应用于化工实验和生产中。下面对其进行简要介绍。

1. 工作原理和结构

转子流量计的结构由一个垂直放置的倒锥形的玻璃管和转子(浮子)组成。在这个上宽下窄的锥形管(图 3-5)中垂直放置一个阻力元件——转子。当被测流体自下而上通过锥形管,由于受到流体的冲击及浮力,当作用于转子上的上升力大于浸在流体中转子的净重力时,转子上浮,随着转子的上升,转子与锥形管内壁间的环隙流通面积增大,使流速下降,作用于转子上的上升力也随之下降,直至上升力与转子的净重力相平衡时,转子便能稳定在某一高度上,并保持平衡。转子的平衡高度与流量大小呈一一对应的关系。因此,将锥形管的高度按流量值刻度,就能从转子最大直径所处的位置直接读出流量测量值。

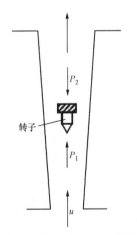

图 3-5　转子流量计示意图

转子的流量方程为

$$V = CA_0 \sqrt{\frac{2g}{\rho} \times \frac{V_f(\rho_f - \rho)}{A_f}} \tag{3-17}$$

式中,C—转子流量计的流量系数,设计合理的转子流量计的流量系数也应为常数;

ρ_f, V_f, A_f—分别为转子密度,转子体积,转子在垂直方向上的投影面积;

ρ—被测流体的密度;

A_0—平衡位置的环隙面积。

上式表明,当锥形管、转子材料和尺寸(ρ_f, V_f, A_f)一定时,体积流量只与流量系数 C 和环隙面积 A_0 有关。一般,这种流量计都设计成工作在 C 不随 Re 变化的范围内,又由于锥形管锥度很小($40'\sim3°$),则 A_0 与高度 h 近似为线性关系,所以玻璃转子流量计就是在锥形管外壁上刻度流量值的,且刻度均匀。

2. 读数的修正

转子流量计的刻度是生产厂家进行标定的,其标定条件见表 3-2。标定用的介质为密度 $\rho_水=998.2\ \text{kg/m}^3$ 的水或密度 $\rho_1=1.205\ \text{kg/m}^3$ 的空气。若被测液体介质密度 $\rho\neq\rho_水$,被测气体介质密度 $\rho\neq\rho_1$,必须对流量读数进行修正,以得到实际测量条件下的实际流量值 $V_实$。

表 3-2 转子流量计标定条件

流量计种类	标定介质	温度(℃)	压力(mmHg)
气体转子流量计	空气	20	760
液体转子流量计	水	20	760

用转子流量计测量时,如果测量条件与标定条件不符,应进行刻度换算。

(1)液体

$$V_实 = V_标\sqrt{\frac{\rho_水(\rho_f-\rho)}{\rho(\rho_f-\rho_水)}} \tag{3-18}$$

式中,$V_实$—被测流体实际流量;

$V_标$—转子平衡时所示流量(标定流体的流量);

$\rho_水$—标定条件下水的密度;

ρ—被测流体密度。

(2)气体

$$V_2 = V_1\sqrt{\frac{\rho_1 P_1 T_2}{\rho_2 P_2 T_1}} \tag{3-19}$$

式中,V_2,ρ_2,P_2,T_2—测量状态下被测气体的体积流量,密度,压力(绝压),温度(K);

V_1,ρ_1,P_1,T_1—标定状态下空气的体积流量,密度,压力(绝压),温度(K)。

同一转子流量计更换转子材料(转子几何形状不变),其流量可用下式修正:

$$V_{G_2} = V_{G_1}\sqrt{\frac{G_2-V_f\rho}{G_1-V_f\rho}} \tag{3-20}$$

式中,V_{G_1}—转子质量为 G_1 的实际流量;

V_{G_2}—转子质量为 G_2 时,同一刻度表的流量;

V_f—转子体积;

ρ—被测流体密度。

3. 安装使用注意事项

(1)转子流量计必须安装在宽敞、明亮的房间里和垂直无震动的管道中,且流体应从下部进入。

(2)建议安装支路见图 3-6,以便于维修和清洗。

(3)转子流量计前的直管段应不少于 $5D$(D 为流量计直径)。

(4)转子流量计使用时,应缓慢开闭阀门,以免迅速开启阀门时流体冲力过猛,致使

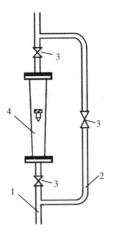

图 3-6　转子流量计的安装

1—主管道　2—分管道　3—阀门　4—流量计

转子冲到顶部,损坏锥管或将转子卡住或撞碎。因此,尽量避免使用电磁阀等速开阀门,而应采取手动阀门。

（5）转子上附有污垢后,转子质量、环隙通道面积都会发生变化,甚至还可能出现转子不能上下垂直浮动的情况,从而引起测量误差。故而要经常清洗转子和锥形管,必要时可在流量计上游安装过滤器。

（6）由于搬动中玻璃锥管很容易被金属转子撞破,因此,搬动时应将转子固定,特别是对于大口径转子流量计更应如此。

（7）选用转子流量计时,应使其正常测量值在测量上限的 1/3～2/3 刻度范围内。

（8）使用时应避免被测流体温度、压力的急剧变化。

3.3.3　涡轮流量计

1. 工作原理和结构

涡轮流量计为速度式流量计,它是依据动量矩守恒原理设计的。在流体流动的管道内安装一个能自由转动的叶轮,当流体通过时其动能使叶轮旋转,流体流速越高,动能越大,叶轮转速也就越高,因此测出叶轮的转数或者转速,就可确定流过管道的流体流量。日常生活中使用的某些自来水表、油量计等都是利用类似原理制成的,这种仪表称为速度式仪表。涡轮流量计正是利用相同原理,在结构上加以改进后制成的。

将涡轮流量计连接在流体输送管路中,涡轮叶片因受流动流体的冲击而旋转,当流体流量大于一定值时,叶片旋转频率和流量成正比的线性关系。通过磁电转换装置,将叶片旋转速度或频率转换成可测量的电脉冲信号,只要测量出电脉冲信号的频率或由电脉冲转换成的电压、电流信号,就可以测得流体的流量。

涡轮流量计又称涡轮流量传感器,由涡轮、磁电转换装置和前置放大器三部分组成。按构造可分为切线型和轴流型,图 3-7 是轴流型的涡轮流量计。

涡轮前后装有导流器,流体在进入涡轮前先经导流器导流,用来消除漩涡,以避免流体的自旋改变它与涡轮叶片的作用角,保证仪表的精度,对流体起整流作用。导流器装

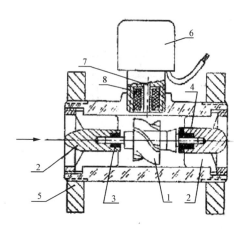

图 3-7　轴流型涡轮流量变送器
1—涡轮叶片　2—导流器　3—石墨轴承　4—止推石墨轴承
5—金属法兰　6—前置放大器　7—永久磁铁　8—线圈

有摩擦很小的轴承,用于支承涡轮。轴承的合理选用对延长仪表使用寿命至关重要。涡轮由高导磁不锈钢制成,装有数片螺旋形叶片,当流体流过时,推动导磁性叶片旋转,周期性地改变磁电转换装置(由永久磁钢和线圈)的磁阻,使涡轮上方线圈中的磁通量发生周期性变化,因而在线圈内感应出脉冲电信号。在一定的测量范围内,该信号的频率与涡轮转速成正比,也就与流量成正比;这个信号经前置放大器放大后输入电子计数器或电子频率计,以累积或指示流量。

2. 涡轮流量计的优点

(1)能远距离传送。

(2)精度高,可达 0.2～0.5 级,可以作为校正 1.5～2.5 级普通流量计的标准计量仪表。

(3)压力损失小。

(4)量程宽,最大流量与最小流量之比为 10∶1。

(5)反应快,如被测流体为水时,涡轮流量计的时间常数为几毫秒到几十毫秒,因此,特别适合于脉动流体流量的测定。

(6)耐高压。

(7)体积小。

3. 涡轮流量计的特性

(1)流量很小的流体通过时涡轮并不转动,只有当流量大于某一最小值,能克服启动摩擦力矩时才开始转动。

(2)流量较小时仪表特性不好,这主要是由于粘性摩擦力矩的影响。当流量大于某一数值后,频率 f 与流量 V 才呈线性关系,应该认为这是其测量下限。由于轴承寿命和压损等条件限制,涡轮转速也不能太大,所以测量范围也有上限。

(3)介质粘度变化对涡轮流量计的特性影响很大,一般随介质粘度的增大,测量下限提高、上限降低。新涡轮流量计特性曲线和测量范围都是用常温水标定的,当被测介质

运动粘度大于 5×10^{-6} m²/s 时,粘度影响不能忽略。若需得到确切数据,可用被测实际流体对仪表重新标定。

(4)流体密度大小对涡轮流量计影响也很大。一是影响仪表的灵敏限(能引起仪表指针发生动作时被测参数的最小变化量),通常是密度大,灵敏限小,所以这种流量计对大密度流体感度较好;二是影响流量系数 ξ;三是影响测量下限,通常密度大,测量下限低。

涡轮流量计的特性曲线有两种:

(1) ξ-Q 线,即流量系数与体积流量 Q 的关系曲线,见图 3-8(a)。

(2) f-Q 线,即脉冲信号的频率与体积流量 Q 的关系曲线,见图 3-8(b)。

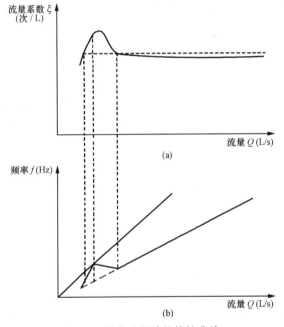

图 3-8 涡轮流量计的特性曲线

流量系数 ξ 表示流过单位体积流体对应的信号脉冲数,其单位为脉冲数/升(次/L)。频率 f 表示在单位时间内由于流体流动产生的脉冲数,因此

$$Q = f\xi \tag{3-21}$$

一般情况下,流量系数应为常数,故流量与频率应成正比例关系,但在小流量范围内,轴承中的机械摩擦阻力和磁电转换器中的电磁反应阻力矩影响较大,使得流量系数不为常数,流量达到一定值时,流量系数才趋向于常数,见图 3-8(a)。因此,仅当流量达到一定值后,流量与频率才具有正比例对应关系。生产厂家给出的流量系数是测量范围内的平均值,是用水(或空气)作为工作介质进行标定的,该系数只适用于与水(或空气)粘度接近的流体,粘度相差较大时,应重新标定流量系数。

4. 安装使用注意事项

(1)应根据被测流体的物理性质、腐蚀性和清洁程度,选用合适的涡轮流量计的轴承材料和类型。

（2）使用时必须水平安装，并保证变送器前后有一定长度的平直管段，一般入口平直管段的长度约为管径的 10～15 倍，出口平直管段的长度约为管径的 5 倍以上，以避免引起流量系数的变化并提高测量精度和重现性。

（3）被测流体的流动方向要与流量计所标箭头一致。

（4）流量计的工作点一般应在仪表测量范围的上限值的 50％ 以上。

（5）流量计前应加装滤网，防止不洁净流体中污物、铁屑等杂物进入流量计，使流量计测量精度下降、数据重现性差、寿命缩短，甚至直接损坏流量计。

（6）根据流体密度和粘度考虑是否对流量计的特性进行修正。

3.4　温度测量技术及使用的仪表

3.4.1　概述

温度是表征物体冷热程度的物理量，它主要是借助于测量物质和被测物质之间进行热交换而使测量物质某些物理特性（如热膨胀、电阻、热电效应、热辐射等）随冷热程度变化呈单值变化的性质进行间接测量。它是化工生产和实验中既普遍又重要的操作参数，通过对指定点温度的测量或控制，以确定流体的物性，推算物流的组成，确定相平衡数据及过程速率等，因此对它的测量显得尤为重要。

1. 温度计的分类

测量温度的仪表就是温度计，根据测温原理的不同，温度计可分为两大类：接触式和非接触式温度计。接触式温度计利用感温元件与待测物体或介质接触后，在足够长时间内达到热平衡、温度相等的特性，从而实现对物体或介质温度的测定。接触式温度计又分为热膨胀式温度计（分为液体膨胀式和固体膨胀式两种）、压力表式温度计（充液体型、充气体型和充蒸汽型）、热电阻温度计（铂热电阻、铜热电阻、镍热电阻、半导体热敏电阻）和热电偶温度计（铂铑-铂热电偶、镍铬-考铜热电偶、镍铬-镍硅热电偶、铜-康铜热电偶和特殊热电偶）。非接触式温度计利用热辐射原理，测量仪表的感温元件不与被测物体或介质接触，常用于测量运动物体、热容量小或特高温度的场合。非接触式温度计又分为光学高温计、光电高温计、比色高温计和全辐射测温仪。

2. 温标

温度的高低需要用一定的数值来表示，这就需要首先定义其数值的规则和单位，即温度标尺，简称温标。常用的温标有三种：摄氏温标、华氏温标和热力学温标。

摄氏温标（单位符号为℃）规定冰的熔点为 0℃，1 个标准大气压下纯水的沸点为 100℃。

华氏温标（单位符号为℉）规定冰的熔点为 32℉，1 个标准大气压下纯水的沸点为 212℉。

热力学温标（单位符号为 K）是以热力学第二定律为基础。它以氢气的熔点为绝对零度，作为温度的起点。

这三种温标之间的换算关系为

$$t(℃) = T(K) - 273.15 \tag{3-22}$$

$$T(℉) = t(℃) \times 9/5 + 32 \tag{3-23}$$

3. 温度计的选择和使用原则

在选择和使用温度计时,必须考虑以下几点:

(1) 测量范围和精度要求。

(2) 被测物体的温度是否需要指示、记录和自动控制。

(3) 感温元件尺寸是否会破坏被测物体的温度场。

(4) 被测物体温度不断变化时,感温元件的滞后性能是否符合测温要求。

(5) 被测物体和环境条件对感温元件有无损害。

(6) 使用接触式温度计时,感温元件必须与被测物体接触良好,且与周围环境无热交换,否则温度计报出的只是"感受"到的温度,而非真实温度。

(7) 感温元件需要插入被测物体一定深度,在气体介质中,金属保护管插入深度为保护管直径的 10～20 倍,非金属保护管插入深度为保护管直径的 10～15 倍。

4. 温度计的标定

温度计的标定问题容易被忽视,从而造成较大的测量误差,所以要注意以下几点:

(1) 应注意温度计所感受的温度与温度计读数之间的关系。由于仪表材料性能不同及仪表等级问题,每一个温度计的精确度都不相同。另外,若随意选用一个热电偶,借用资料上同类热电偶的热电势-温度关系来确定温度的测量值,也会带来较大误差。

(2) 确定温度计感受温度-仪表读数关系的唯一办法是进行实验标定。

(3) 注意温度计标定所确定的是温度计感受温度和仪表读数之间的关系,这种关系与温度计实际要测量的待测温度-仪表读数之间的关系常常不同。原因是待测温度与温度计感受温度往往不相等。因此,为了提高温度测量的精确度,不仅要对温度计进行标定,而且要正确安装和使用温度计,两者缺一不可。

本节主要介绍几种最常用的液体膨胀温度计、热电阻温度计、热电偶温度计的工作原理以及安装使用中的有关问题。

3.4.2　玻璃液体温度计

1. 结构及原理

玻璃液体温度计是最常见的液体膨胀式温度计,其结构如图 3-9 所示。它的测量原理就是应用了液体体积热胀冷缩的性质制成的温度计。按用途可以分为工业用温度计、实验室用温度计、制备液体温度计、标准水银温度计及指示小温差的贝克曼温度计等。液体可以是水银、石油醚、煤油、酒精、甲苯、戊烷等。

液体的热膨胀程度可用下式表达:

$$V_{t2} - V_{t1} = V_{t0}(\alpha - \alpha')(t_2 - t_1) \tag{3-24}$$

式中,V_{t1},V_{t2}——液体分别在 t_1 和 t_2 温度时的体积;

　　　V_{t0}——同一液体在 $0℃$ 时的体积;

　　　α——温度体积膨胀系数;

图 3-9　玻璃液体温度计
1—玻璃感温泡　2—毛细管
3—刻度标尺

α'——盛液容器的体积膨胀系数。

2. 特点

液体温度计的测量范围不太宽,通常可以测量的温度范围为$-200\sim500\,℃$,但选用的液体不同,测量的温度范围也不同,如水银温度计测温范围一般为$-35\sim500\,℃$,若玻璃采用石英材料,并在温度计内充 80 个大气压的氮气,水银温度计的测温上限可以达到 $800\,℃$。酒精温度计的测温范围为$-80\sim80\,℃$。另外,还有直观性强、结构简单、稳定性好、价格低廉等优点,因此在工业生产和实验室中得到广泛应用。但是其测温响应速度较慢,而且温度计必须插到标定的深度,因此,在测定温度波动范围较大的场合不适用。

3. 安装和使用注意事项

(1) 所安装的设备应该没有大的震动,不易受到碰撞,特别是对有机液体玻璃温度计,如果震动很大,容易使液柱中断;还要在便于读数的场合,不能倒装,也尽量不要倾斜安装。

(2) 玻璃温度计感温泡中心应处于温度变化最敏感处(如管道中流速最大处)。

(3) 为了减少读数误差,应在玻璃温度计保护管中加入甘油、变压器油等,以排除空气等不良热导体。

(4) 水银温度计按凸面最高点读数,有机液体温度计则按凹面最低点读数。

(5) 为了准确测定温度,需要将玻璃温度计的指示液柱全部没入待测物体中。

(6) 避免温度计骤冷骤热。温度计不经预热立即插入热介质中并突然从热介质中抽出是常见的不正确使用方法,这种做法往往会使水银柱断开,可引起感温泡晶粒变粗、零位变动过限而使温度计报废。

4. 玻璃温度计的校正

玻璃管温度计在进行温度精确测定时需要校正,方法有两种:① 与标准温度计在同一状况下比较。在实验室中将被校温度计与标准温度计一同插入恒温槽中,待恒温槽温度稳定后,比较被校温度计和标准温度计的示值。② 利用纯物质相变点如冰-水-水蒸气系统校正。如果没有标准温度计,也可使用冰-水-水蒸气的相变温度来校正温度计。

大多数玻璃温度计都是全浸式的(温度计在进行刻度时,标准温度的介质浸至刻度示值处),使用时要让被测介质也应浸至示值,如达不到此项要求,则应对露出柱进行校正。

$$t_{真} = t_{示} + \Delta t \tag{3-25}$$

$$\Delta t = \alpha h (t_{示} - t_{平}) \tag{3-26}$$

式中,$t_{示}$——温度计示值,$℃$;

   α——工作液体对玻璃的相对体积膨胀系数,工作液为水银时,$\alpha=0.00016$,工作液为酒精时,$\alpha=0.00103$;

   h——液柱露出高度(以示值度为单位,取整),$℃$;

   $t_{平}$——液柱露出部分所接触环境的平均温度(在露出柱中部测量),$℃$。

【例3-1】 用 $110\,℃$ 精度的水银温度计测量蒸汽温度,测量时只有感温泡处在蒸汽中,室温 $4\,℃$,温度计示值为 $105\,℃$。试求蒸汽真实温度。

解　　$\alpha = 0.00016$

　　　　$t_示 = 105\ ℃$

　　　　$h = 105\ ℃$

　　　　$t_平 = 4\ ℃$

　　　　$\Delta t = \alpha h(t_示 - t_平) = 0.00016 \times 105(105 - 4) = 1.7\ ℃$

由计算显见,虽然误差不大,但如不进行校正,就失去了使用高精度温度计的意义。本例中,不进行校正,可使用精度为 1 ℃的普通温度计即可。

3.4.3　热电阻温度计

1. 结构及原理

热电阻温度计是利用测温元件(导体或半导体)的电阻值随温度的变化而变化的特性进行温度测量的。它是由热电阻感温元件和显示仪表组成的。常见的感温元件有金属(铂、铜、镍等)电阻和半导体热敏电阻等。显示仪表则有动圈式仪表、电子平衡电桥和电位差计几种形式。目前,热电阻温度计均可以和数字显示仪表配合使用,直接显示出温度的数值。

热电阻的电阻值随温度变化的关系式如下:

$$R_t = R_0[1 + \alpha(t - t_0)] \tag{3-27}$$

$$\Delta R_t = \alpha R_0 \Delta t \tag{3-28}$$

式中,R_t——t ℃时的电阻值;

　　　α——电阻的平均温度系数;

　　　R_0——0 ℃时的电阻值;

　　　ΔR_t——电阻值变化量,$\Delta R_t = R_t - R_0$;

　　　Δt——温度的变化量,$\Delta t = t - t_0$。

如上所述,温度的变化引起热电阻电阻值的变化,只要设法测出电阻值的变化,就可达到测温的目的。

2. 优点

(1) 测量精度高,性能稳定;

(2) 灵敏度高,低温时产生的信号比热电偶的大得多,容易测准;

(3) 由于本身电阻大,导线的电阻影响可以忽略,因此信号可远传和记录。

3. 分类及各类型的特点

热电阻温度计的热敏元件有金属丝和半导体两种。金属通常为平均电阻温度系数较大的铂丝、铜丝或镍丝,后者使用半导体热敏物质。各种热电阻温度计的性质概括如下:

铂丝电阻温度计是最常用的一种电阻温度计,测量范围一般为 $-200 \sim 500\ ℃$。其特点是精度高、稳定性好,但价格较高,且不适合在高温的还原性介质系统内应用。常用的铂电阻的型号为 WZB,分度号为 Pt_{50} 和 Pt_{100}。分度号 Pt_{50} 是指在 0 ℃时铂电阻的电阻值为 50 Ω,分度号 Pt_{100} 是指在 0 ℃时铂电阻的电阻值为 100 Ω。

钢丝电阻温度计的测温范围较窄,一般为 $-150 \sim 180\ ℃$,其优点是在测温范围内线性度好,电阻温度系数大,而且价格便宜,故其应用较广。其缺点是易氧化,而且由于铜的电阻率很低,制作温度传感器需要较长的芯线,因而感温元件的外形较大,测温滞后现象也就较严重。常用的铜电阻的型号为 ZWG,分度号为 Cu_{50} 和 Cu_{100}。

热敏电阻温度计的传感器为半导体热敏电阻,半导体热敏电阻是在锰、镍、钴、铁、铜、锌、钛、铝、镁等金属的氧化物中加入其他化合物,按一定比例粘合烧结制成。当温度变化时,这种测温半导体元件电阻变化显著。但其测温范围窄,一般为 $-150\sim350$ ℃。多数热敏电阻具有负电阻温度系数,且明显呈非线性关系。当温度变化间隔相同时,热敏电阻的电阻变化约为铂电阻的 10 倍,因而热敏电阻的感温元件可以做得很小(尖端可以小到 0.5 mm),这样对温度变化的响应就比较迅速,可用来测量 0.01 ℃或更小的温度差。故热敏电阻温度计可以用于高精度和高灵敏度的温度测量,而且由于其小体积的优点,适宜于在空间狭小的地方使用。又因为热敏电阻的电阻值较大,因此可以忽略引线、接线电阻和电源内阻,进行远距离温度测量。若在超过最大允许温度的条件下使用,其感温元件很容易老化,故宜在规定的极限温度范围以内使用。

3.4.4　热电偶温度计

热电偶是最常用的一种测温元件,具有结构简单、使用方便、精度高、测量范围宽等优点,因而在化工厂、科研单位和实验室仪表中得到广泛应用。

1. 热电偶测温原理

将两件不同的导体或半导体连接成图 3-10 所示的闭合回路,如果将它们的两个接点分别置于温度为 t 和 t_0 的热源中,在该回路中就会产生热电动势(简称热电势),此种组合即为热电偶,所产生的现象称为热电效应。两个接点中,一个称为工作端(测量端或热端,t 端),另一个则为自由端(参比端或冷端,t_0 端)。

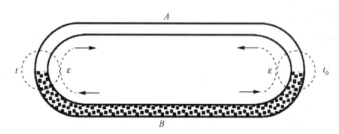

图 3-10　热电偶回路

热电势由两部分组成,一个是温差电势,另一个是接触电势。前者是指在同一导体的两端由于温度不同,导致电子从温度高的一端流向温度低的一端而产生的一种电势。后者是指两种导体接触时,由于它们的电子密度不同,致使电子在两种材料之间的扩散速率也不同,从而在两种导体之间形成了电位差。

热电偶两端产生的热电势与热电极的组成材料以及热端温度 t 和冷端温度 t_0 有关,而与热电偶的热电极丝的形状及其中间温度无关。如果能使冷端温度 t_0 固定,对一定的热电偶材料,其总电动势与热端温度 t 是单值函数关系,可用式(3-29)表示,因此可从测量得到的热电势确定热端的温度(热电势-温度关系曲线)。这就是热电偶测温的基本原理。

$$E_x = a_0 + a_1 t + a_2 t^2 + \cdots + a_n t^n \tag{3-29}$$

式中，E_x—热电偶的总电动势；

$\quad\quad t$—热端温度，℃；

$\quad\quad a_0, a_1, a_2 \cdots, a_n$—常数，随热电阻性质不同而有不同的值，由实验测定。

当冷端温度 t_0 不变时，只要测出热电势，就可求得被测温度 t。通常冷端温度取 0 ℃，这样，上式中的 $a_0 = 0$，如果测温范围不是太大，用 $n = 2$ 的表达式已足够精确，式(3-29)变为

$$E_x = a_1 t + a_2 t^2 \tag{3-30}$$

解方程，得

$$t = \frac{-a_1 + \sqrt{a_1^2 + 4a_2 E_x}}{2a_2} \tag{3-31}$$

2. 热电偶温度计显示仪表

利用热电偶测量温度时，必须要用某些显示仪表，如毫伏计或智能测温仪。常采用的显示仪有电位差计，其测量原理和天平相似，利用平衡法将被测电势与已知的标准电势进行比较。最简单的电位差计见图 3-11，图中标准电阻 R 是已知的，流过 R 的电流的大小可通过调节 R_J 使其成为一个固定值，这样 A、K 两点间的电势差 $E_{AK} = IR_{AK}$。标准电阻 R 相当于天平的砝码，检流计 G 相当于天平的指针，当被测电势 E_x 接入线路后，G 有示值，可移动触头 K，直至 G 无示值为止，此时，$E_x = E_{AK} = IR_{AK}$，从而 E_x 与 R_{AK} 的值具有一一对应的关系。

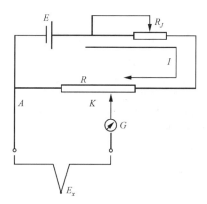

图 3-11　最简单的电位差计

3. 热电偶种类和特性

常见的热电偶分为两大类：

(1) 直接使用式热电偶

该种形式的热电偶在环境条件不很苛刻的情况下，只要保证两热电极之间绝缘(可采取加上绝缘套管、涂绝缘层等方式)即可直接使用。如用漆包铜丝和康铜丝组合，用电弧焊、气焊或电容焊等方式焊接出热端，就得到分度号为 T 的热电偶，可以在室温附近的温度范围直接使用。或者在热电极上套耐高温的绝缘瓷管，就可在非腐蚀的环境下、−233～623 K 的温度范围内使用。

（2）铠装热电偶

铠装热电偶是将热电偶装入一定壁厚的不锈钢、高温合金钢，甚至铂铑合金的套管中，在管内填有氧化镁等耐温绝缘材料而组成的坚实的组合体。其直径一般在 0.25～8 mm，也有的稍大，最大长度可达数米。铠装热电偶的测量端的形式有露头型（热端点露出保护套管）、接壳型（热端点和保护套管壁接触）和封闭型（热端点封在保护套管内，不和壁接触）等。

由于铠装热电偶结构紧凑、体积小，因而热容和热惯性小，故测温响应速度快，时间常数小，最快可以达到 0.05s。而且管材具有很好的柔性和机械强度，能在一定范围内随意弯绕并能在多种条件下使用。

为了便于选用和自制热电偶，必须对热电偶的材料提出要求和了解常用热电偶的特性。对热电偶材料的基本要求有如下几方面：

① 物理化学性能稳定；

② 测温范围广，在高低温范围内测量都准确；

③ 热电性能好，热电势与温度呈线性关系；

④ 价格便宜。

实验室和工业上常用的热电偶见表 3-3。

表 3-3 常用热电偶种类及特性

热电偶种类	适用环境	优 点	缺 点
T 类（国产 CK 类）：铜（＋）对康铜（－）	可在真空、氧化、还原或惰性气体中使用，测温范围－100～370 ℃	热电势大，价格便宜	重复性不太好
K 类（国产 EU 类）：含铬 10%的镍铬合金（＋）对含镍 5%的镍铝或镍硅合金（－）	抗氧化性好，适宜在氧化或惰性气体中连续使用，测温范围 0～1260 ℃（国产 1000 ℃）	性能较一致，热电势大，线性好，测温范围宽，价格便宜，适用于酸性环境	长期使用影响测量精度
E 类：含铬 10%的镍铬合金（＋）对康铜（－）	在氧化或惰性气体中使用，测温范围－250～871 ℃	热电势大	
S 类（国产 LB 类）：含铑 10%的铂铑合金（＋）对铂（－）	耐高温，适用于 1400 ℃（国产为 1300 ℃）以下的氧化或惰性气体中连续使用	复制精度和测量准确性较高，性能稳定	热电势较弱，热电性质非线性，成本较高
国产 EA 类：含铬 10%的镍铬合金（＋）对考铜（含镍 44%的镍铜合金）（－）	在还原性和中性介质中使用，长期使用时温度不宜超过 600 ℃	热电灵敏度高，热电势大，价格便宜	温度范围低且窄，考铜合金丝容易氧化变质

4. 热电偶冷端的温度补偿

由热电偶测温原理可知，只有当冷端温度保持不变时，热电偶才是热端温度的单值

函数。因此,必须设法维持冷端温度恒定,可采用如下几种措施:

(1) 冰浴法

先将热电偶冷端放在盛有绝缘油的试管中,然后再将试管放入盛满冰水混合物的容器中,使冷端保持在 0 ℃。通常的热电势-温度曲线都是在冷端温度为 0 ℃ 时测得的。

(2) 恒温槽测温法

将热电偶冷端放入恒温槽中,保持冷端温度固定在 t_0 温度不变。此时热电势可由下式计算:

$$E(0℃,t) = E(0℃,t_0) + E(t_0,t) \tag{3-32}$$

式中,$E(0℃,t)$——冷端温度为 0 ℃ 时的电动势;

　　$E(t_0,t)$——冷端温度为 t_0 时的热电势;

　　$E(0℃,t_0)$——从标准热电势-温度关系曲线中查得的 t_0 时的热电势。

(3) 使用补偿导线法

若冷端距热端很近时,很难保证冷端温度不变。较好的方法是使用补偿导线法,它主要是让冷端远离热端,再进行恒温。可按图 3-12 所示方法在热电偶线路中接入适当的补偿导线。

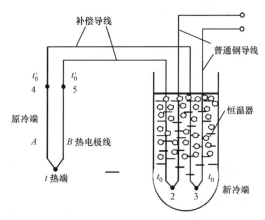

图 3-12　补偿导线的接法和作用图

一般要求补偿导线在 0～100 ℃ 的范围与所连接的热电极具有相同的热电性能,且价格比较低廉。接入补偿导线时,应注意检查极性(补偿导线的正极连接热电偶的正极)。确定补偿导线的长度时,应保证两根补偿导线的电阻与热电偶的电阻之和不超过仪表外电路电阻的规定值,热电偶和补偿导线连接处的温度不超过 100 ℃,否则由于热电特性不同将产生新的误差。另外,还可以采用补偿电桥法维持冷端温度恒定,具体方法可参见有关论著。

5. 热电偶的校验

热电偶的热端在使用过程中,由于氧化、腐蚀、材料再结晶等因素的影响,其热电特性将发生改变,使测量误差愈来愈大,因此热电偶必须定期进行校验,测出热电势变化的情况。当热电势变化超出规定的误差范围时,应更换热电偶丝,更换后必须重新进行校验才能使用。

根据国家规定的技术标准,各种热电偶必须在表 3-4 规定的温度点进行校验,各温度点的最大误差不能超过允许的误差范围。

表 3-4　常用热电偶校验温度点的允许偏差

型　号	热电偶材料	校验点(℃)	热电偶允许偏差			
			温度(℃)	偏差(%)	温度(℃)	偏差(%)
S	铂铑-铂	600 800 1000 1200	0～600	±2.4	>600	±0.4
K	镍铬-镍硅(铝)	400 600 800 1000	0～400	±4	>400	±0.75

　　以上介绍的几种温度计都是常用的接触式温度计。对于一些利用光学、热辐射、声学、激光等进行温度测量的非接触式温度计,如光学高温温度计和辐射高温温度计等不作叙述,如有用到,可查阅相关文献资料。

3.5　液位测量技术及使用的仪表

　　液位是设备或容器内液体储量多少的度量,实验室中常用的有直读式液位计、压差式液位计、浮力式液位计和电容式液位计。

3.5.1　直读式液位计

　　直读式液位计包括玻璃管式液位计和玻璃板式液位计,其结构分别见图 3-13 和图 3-14。

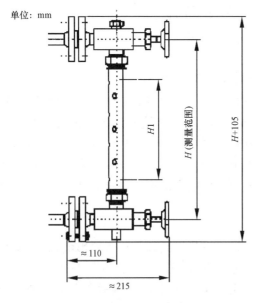

图 3-13　ULG 型玻璃管式液位计外形尺寸图

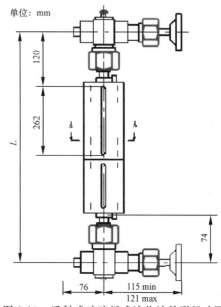

图 3-14　反射式玻璃板式液位计外形尺寸图

直读式液位计测量原理是,利用仪表和被测容器气相、液相直接连接后,液相压力平衡,来直接读取容器中的液位,如图 3-15 所示。

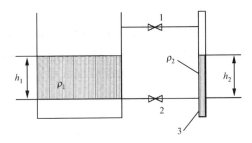

图 3-15 直读式液位计测量原理图
1—气相切断阀 2—液相切断阀 3—玻璃管

液相平衡时

$$h_1 \rho_1 g = h_2 \rho_2 g \tag{3-33}$$

当 $\rho_1 = \rho_2$ 时,$h_1 = h_2$。

3.5.2 压差式液位计

压差式液位计测量液位装置见图 3-16。其测量原理是静力学基本方程,压差计两边的压差为

$$\Delta P = P_2 - P_1 = h \rho g$$

则

$$h = \frac{\Delta P}{\rho g} \tag{3-34}$$

式中,ΔP—压差计读数;

ρ—被测液体密度;

h—液位高度。

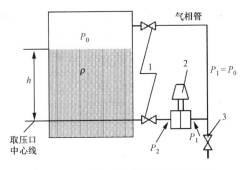

图 3-16 压差式液位计测量原理图
1—切断阀 2—压差仪表 3—气相管排液阀

3.5.3 浮力式液位计

浮力式液位计可分为浮子式液位计和浮筒式液位计,是根据物体在液体中受到浮力的原理实现液位测量的。应用浮子式液位计测量液位时,浮子随液面的上下而升降,且

始终漂浮在液体表面,浮子的位置直接指示液面。浮筒式液位计的浮筒浸在液体中的部分随液面的升降而变化,一般情况下,在最高液位时,浮筒全部浸没在液体中,随液位下降,浮筒浸没部分也相应减小,由此指示容器中的液位。

图 3-17 为带有磁性翻板的浮子液位计安装示意图。浮子室中放置磁性的浮子,翻板指示标尺紧贴着浮子室安装,当液位上升或下降时,浮子也随之升降,翻板指示标尺中的翻板受浮子磁性吸引而翻转并显示红色,未翻转部分显示绿色,红绿分界之处即为液位所在。

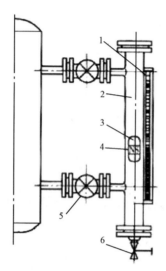

图 3-17　磁性翻板式浮子液位计结构与安装图
1—翻板标尺　2—浮子室　3—浮子　4—磁钢　5—切断阀　6—排污阀

3.5.4　电容式液位计

将测量电极放置于被测容器内,电极与容器之间就形成了电容,其电容值与容器内液位有关,如图 3-18 所示。以 C_0 表示液位为零时的电容值,以 $\Delta C_L + C_0$ 表示某液位时的电容值,只要测出因液位升高而增加的电容值 ΔC_L,就可根据下式计算出液位:

$$H = \frac{\Delta C_L \ln \dfrac{D}{d}}{2\pi(\varepsilon - \varepsilon_0)} \tag{3-35}$$

式中,ε_0—气体的介电常数;

ε—液体的介电常数。

电容式液位计由测量电极、前置放大单元及指示仪表组成。

除此之外,进行液位测量的方法还有超声波法、雷达法、放射法等,涉及相关的方法技术可参考有关论著。

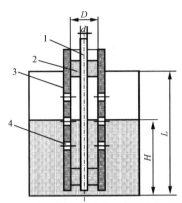

图 3-18　电容式液位计测量原理图
1—内电极　2—外电极　3—绝缘套　4—流通小孔

参考文献

［1］王建成，卢燕，陈振.化工原理实验［M］.上海：华东理工大学出版社，2007.

［2］郭庆丰，彭勇.化工基础实验［M］.北京：清华大学出版社，2004.

［3］武汉大学化学与分子科学学院实验中心.化工基础实验［M］.武汉：武汉大学出版
　　社，2003.

第四章　计算机数据采集与仿真技术

随着现代教育技术的发展以及各学科间交叉和综合的趋势,化工基础实验的教学内容、实验过程及数据处理与计算机技术相结合成为一个新的发展趋势,国内很多高校都根据自身的教学需求建立了计算机仿真实验室。有关化工的仿真实验现在也在许多高校建立了仿真实验系统,如天津大学化工原理仿真实验,浙江大学化工原理仿真实验。

将计算机连接到化工基础和原理的实验过程中,作为媒介不仅给学生提供了一个学习环境,而且提供了人机交互对话进行学习的一种新的教学方法。它改变了以往传统的教学模式,将理论知识和实际操作在计算机屏幕上更直接、更生动、更形象地展现在学生面前。

化工基础实验 CAI 课件,利用计算机图形技术在显示器屏幕上仿真化工基础实验装置,通过计算机输入器(鼠标或键盘)来模拟实验装置的操作过程,再借助化工数学模型和计算机的数值计算来模拟化工实验各参数在操作过程的变化和数据模拟采集及处理,实测实验数据处理及结果图示的计算机仿真实验系统,以达到实验教学辅助的目的。

该课件具有以下特点:

(1) 课件激发了学生的兴趣,调动了学生对实验教学学习的积极性。

(2) 课件作为实验预习及操练,实验时达到事半功倍的效果。

(3) 课件具有提供化工基础数据及数据处理功能,可作为检验学生实验结果的工具。

(4) 课件能模拟非正常的操作及实验不易观察到的现象,且不局限于实验,在实验的基础上延伸拓宽,增加了相关素材的演示。

(5) 课件界面友好,清晰美观,实现了界面控制与多媒体信息传输。

4.1　计算机数据采集与控制

4.1.1　概述

现代科学技术领域中,计算机控制技术是工业自动化的重要支柱。新的化工基础实验改变传统的手工操作,采用计算机数据在线采集和自动控制系统,使之更接近现代化工生产过程。

所谓计算机采集,就是将化学工程中的某些物理量如温度、压力、液位等转化为直流电信号,这些信号经过放大转化为 $0 \sim 5$ V 的直流电压信号,通过 A/D 转换器将直流电压转化为数字量输入计算机,并在计算机上编程序将采集的物理量显示出来或进行计算、画图等。

在化工基础实验中,采用计算机数据在线采集和自动控制系统,一般包括自动检测、自动保护和自动控制等方面的内容,总的来说由硬件和软件两部分组成。硬件一般包括计算机、标准外部设备、输入输出通道、接口、运行操作台、被控对象等,它的核心是CPU。CPU与存储器和输入/输出电路部件的连接各需要一个接口来实现。前者称为存储器接口,后者称为I/O接口。存储器通常是在CPU的同步控制下工作的,其接口电路及相应的控制比较简单;而计算机与外界的各种联系与控制均是通过I/O接口来实现的。I/O设备品种繁多,其相应的I/O电路也各不相同,以实现各类信息和命令的顺利传送。软件通常分为系统软件和应用软件两大部分。系统软件一般由计算机生产厂家提供,有一定的通用性。应用软件是为执行具体任务而编制的,一般由用户自行建立,至于使用哪一种语言来编制程序,取决于整个系统的要求和软件配置情况。

4.1.2　计算机数据采集和控制的原理及结构

计算机数据采集和控制的基本原理主要是在被测对象上安装一传感器或变送器,并通过它获取参数信号,这些信号转换成可以识别、分析并控制该系统的标准电信号。但计算机处理的是数字量,因此需要对模拟信号进行采样、保持、模/数(A/D)转换为数字量,然后用计算机对这些已经离散并量化的数字信号进行采集和处理。当需要控制时,还要将由计算机发出的数字(D)信号转化为模拟量(A)输出,即D/A转换,转换后的模拟量经过执行器,就可对被测对象进行控制。图4-1给出了整个过程。

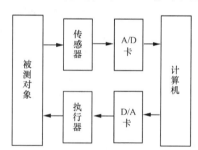

图4-1　计算机采集控制过程图

1. 采集和控制系统的构成及其功能

(1) 传感器

用以将化工基础实验中涉及的温度、压力、流量等参数转换为一定的便于传送的信号(如:电信号或气压信号)的仪表,通常称为传感器。当传感器的输出为单元组合仪表中规定的标准信号时,通常称为变送器。

(2) A/D转换卡

A/D转换卡又称A/D接口板,通常是以A/D芯片为中心,配上各种辅助电路。一般由A/D转换器、多路转换开关、平衡桥式放大器、采样保持电路、逻辑控制及供电等组成。主要部件功能概述如下:

A/D转换器是将模拟电压或电流转换成数字量的元件,是模拟系统和数字设备或计算机之间的接口。实现A/D转换的方法有多种,基本方法为:二进制斜坡法、积分法、逐项比较法、并行比较法和电压到频率转换法等。

多路转换开关的功能是:为了共用一个采样保持器和A/D转换电路或D/A转换电路,需分时地将多个模拟信号接通,或将不同的模拟量分时地送给多个受控对象,能完成这种功能的器件叫多路转换开关。

采样保持电路的功能是对被转换的信号进行采样,并能保持住这一信号。当对连续的模拟信号进行采样使其离散化然后转换变成数字量时,由于 A/D 完成一次转换需要一定的时间,在转换期间,高速变化的信号的值可能已发生变化。为了使瞬时采样的离散值保持到下一次采样为止,就需使用采样保持电路。

(3) D/A 转换卡

通常是以 D/A 芯片为中心,配上各种辅助电路。一般由 D/A 转换器、匹配电路、逻辑控制及供电等组成。

D/A 转换器是 D/A 转换卡的核心,它在计算机的指挥下将数字信号转化为模拟量以电流或电压方式输出。匹配电路主要是完成阻抗匹配、极性转换等功能,也即按照执行器输入的要求把 D/A 卡的输出调整成满足执行器输入要求的电信号,以驱动执行器。

(4) 执行器

执行器在匹配电路的作用下,产生动作控制被控对象,从而完成控制任务。

2. 采集和控制示例

以传热实验为例,介绍温度、电压、电流数据的采集和蒸汽发生器电功率的控制。

(1) 温度数据的采集

传热实验需测定空气的进出口温度、蒸汽的温度、壁温,需了解蒸汽发生器的水温等。在需要测温的部位安装有 Pt_{100} 铂电阻温度计(图 4-2),将铂电阻采集到的电阻信号通过温度变送器把电阻信号转换成 $4\sim20$ mA 电流信号,再经过 24 V 电源和 250 Ω 的电阻把电流信号转化成 $1\sim5$ V 的电压信号,然后通过 A/D 转换成数字信号后传输到计算机中,在计算机程序中应用数字滤波采集到的数字信号,按照其变化关系转化成温度在计算机屏幕上显示出来。

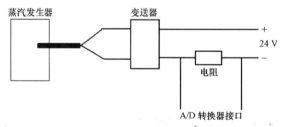

图 4-2 温度测量接线图

(2) 电压、电流数据的采集

将一个电流变送器串联在电路中,电压变送器并联在电路中,如图 4-3 所示。它们分别将电流、电压信号转化成 $0\sim5$ V 标准电压信号后,经 A/D 转换卡输送到计算机程序中,并经计算机处理后在计算机屏幕上显示出电压、电流的数值。

(3) 电功率的计算机控制

在被控参数加热功率与给定值相等时,固态继电器不改变调压方式。如果实际功率与给定值不同,电流、电压变送器将检测到的信号经 A/D 转换卡传输到计算机程序中,此时,计算机向 D/A 转换器发出信号来改变固态继电器中的电压,直至加热功率与给定值相等。加热器计算机控制如图 4-4 所示。

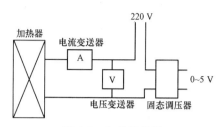

图 4-3　加热接线图

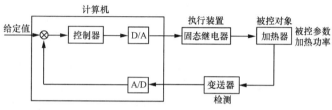

图 4-4　加热器计算机控制图

4.1.3　智能仪表

智能仪表是一种内含一个单片计算机或微型机或 GP-IB 接口的仪表,亦称为内含微处理器的仪表。这类仪表因为灵巧且功能丰富,国外书刊中常称为智能仪表(intelligent instruments)。

传统的仪表是通过硬件电路来实现某一特定功能的,如需增加新的功能或拓展测量范围,则需增设新的电路。而智能仪表把仪表的主要功能集中存放在 ROM 中,不需全面改变硬件设计,只要改变存放在 ROM 中的软件内容,就可改变仪表的功能,增加了仪表的灵活性。

1. 智能仪表的结构和工作方式

智能仪表的基本组成如图 4-5 所示。显然这是典型的计算机结构,但是它比一般的计算机多了一个"专用的外围设备"即测试电路,而且它与外界的通讯通常是通过 GP-IB 接口进行的。

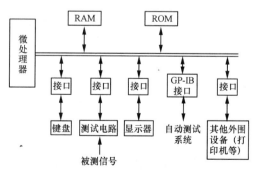

图 4-5　智能仪表的基本组成

智能仪表有两种工作方式:本地和遥控。在本地工作方式时,仪表的控制作用由内含的微处理器统一指挥和操纵。用户按面板上的键盘向仪表发布各种命令,指示仪表完成各种功能。在遥控工作方式时,用户通过外部的微型机来指挥控制仪表,外部微型机通过接口总线 GP-IB 向仪表发送命令和数据,仪表根据这些送来的命令完成各种功能。

2. 智能仪表的主要优点

(1)测量精度得到提高。智能仪表通常具有自选量程,自动校准,自动修正静态、动态误差及系统误差的功能,从而显著提高了测量精度。

(2)能够进行间接测量。智能仪表利用内含的微处理器,通过测量其他参数而间接地求出难以测量的参数。

(3)具有自检自诊断的能力。智能仪表如果发生故障,可以自检出来。在自诊断过程中,程序的核心是把被检测各种功能部件上的输出信号与正确的额定信号进行比较,发现不正确的信号就以警报的形式提示给使用者。

(4)仪器的功能能灵活地改变。智能仪表具有方便的硬件模块和软件模块结构,当插入不同模板时,仪表的功能就随之改变。而当改变软件模块时,各按键所具有的功能也跟着改变。只要 ROM 容量足够大,配上解释程序还可以实现仪器自己的语言。

(5)实现多仪器的复杂控制系统。自从国际上制定了串行总线和并行总线的规约之后,智能仪表与其他数字式仪表可以方便地实现互联。既可以将若干台仪器组合起来,共同完成一项特定的测量任务,也可以把许多仪器挂在总线上,形成一个复杂的控制系统。

3. AI 人工智能工业调节器

在化工基础和化工原理的精馏实验装置、沸腾干燥实验装置和流体阻力与离心泵联合实验装置中,使用最多的是 AI 人工智能工业调节器。

(1)功能及使用方法

AI 人工智能工业调节器,适合温度、压力、流量、液位、湿度等的精确控制,通用性强,采用先进的模块化结构,可提供丰富的输入、输出规格,也就是说,同样一个仪表,设置参数不同,其功能也就不同。使用人工智能调节算法,无超调,具备自整定(AT)功能,是一种技术先进的免维护仪表。

AI 仪表的参数已配置好,即在使用前已对其输入、输出规格及功能设置了参数。如用来检测、控制温度的仪表,已对它的上限报警、下限报警、正偏差报警、负偏差报警、回差、控制方式、输入规格(如设为 21,表示用 Pt_{100} 铂电阻温度计测量温度)、输出方式(如 $2\sim20$ mA 线性电流输出)、通讯地址等进行了设置。在实验时,只有以下两种情况需要对给定的参数进行修改:一是当操作条件改变,需对给定的参数重新设置时;二是压力传感器的零点发生漂移时。注意:必须经过实验指导教师同意才能进行修改。

(2)硬件与系统配置要求

① CPU:奔腾/166 以上;

② 内存:16MB 以上;

③ 显示器:VGA 彩显,1024×768 像素点,大字模式;

④ 系统:WIN95,WIN98;

⑤ 通讯口:2 个 RS-232 串行通讯口。

（3）计算机与仪表间的通讯

AI 工业调节器可在 COMM 位置安装 S 或 S4 型 RS-485 通讯接口模块，通过计算机可实现对仪表的各项操作及功能。计算机需要加一个 RS232C/RS485 转换器，无中继时最多可直接连接 64 台仪表，加 RS485 中继器后最多可连接 100 台仪表，如图 4-6 所示。注意每台仪表应设置不同的地址。

图 4-6　计算机与仪表通讯示意图

仪表采用 AIBUS 通讯协议，8 个数据位，1 或 2 个停止位，无校验位。数据采用 16 位求和校验，它的纠错能力比奇偶校验高数万倍，可确保通讯数据的正确可靠。AI 仪表在通讯方式下可与上位计算机构成 AIFCS 系统。仪表在上位计算机、通讯接口或线路发生故障时，仍能保持仪表本身的正常工作。

AI 工业调节器共有 20 个接线柱，它的第 17、18 号接线柱与通讯控制器的端口 1 连接，变频仪及功率表的通讯端口分别与通讯控制器的端口 2 与端口 3 连接，通讯控制器端口 4 与计算机的串行通讯口（即 COM1）连接，实现数据通讯。

4.1.4　变频器

变频器的作用是控制三相交流电动机的速度。流体阻力与离心泵联合实验装置和沸腾干燥实验装置均使用 SIEMENS 公司生产的 MICROMASTER 420 通用型变频器。该变频器由微处理器控制，并采用具有现代先进技术水平的绝缘栅双极型晶体管（IGBT）作为功率输出器件，因此，具有很高的运行可靠性和功能的多样性。开关频率可选的脉冲宽度调制使电动机运行的噪声得以减少。它既可用作单独的驱动系统，也可集成到自动化系统中。

变频器具有很多特点，如：其结构模块化设计，组态较灵活；其安装、参数设置和调试容易，且允许设置多种参数，以保证它可以对最广泛的应用对象组态；控制信号的响应时间快速且可重复；磁通电流控制（FCC），改善发动态响应特性和电动机的控制特性；快速电流限制（FCL），实现无跳闸运行；复合制动，改善了制动特性；加速/减速时间具有可编程的平滑圆弧功能；具有比例-积分（PI）控制功能的闭环控制；具有过压/欠压保护、过热保护、接地故障保护和短路保护等对电动机和变频器全面的保护功能。

变频器有远程控制（即通过计算机控制变频器）和手动控制（即用变频器的面板按钮进行控制）两种控制模式。注意：只有经过培训和认证合格的人员才可以用控制板输入设定值。

4.2　计算机仿真在化工基础实验中的应用

化工基础实验教学涉及化工生产中的单元操作，由于实验室仪器设备和教学时数的限制,难以做到以每个学生为主体,较好地训练其动手操作能力。将实验原理、实验现象、实验过程及数据处理与计算机技术相结合,通过计算机模拟实验装置的仿真操作软件是一个很好的教学辅助手段。它形象生动且快速灵活,集知识掌握和能力培养于一体,能使学生同时从不同角度掌握所学技能,为学生创造一个轻松愉快而又严肃认真的学习环境,不但可以全面锻炼学生独立思考问题、解决问题的能力,而且还可以实现真实物系实验教学难以做到的内容,如各种不正常操作的后果等,能够很好地弥补实践教学中的不足。学生们通过仿真系统的操作,不仅可对实验过程进行直接的感性体验,而且可对实验步骤、操作程序及实验参数改变对实验现象的影响等产生深刻的印象。

4.2.1　仿真实验简介

仿真实验从技术层面上看,是在计算机系统中采用仿真技术、数字建模技术和多媒体技术实现的各种仿真环境的软件。通过利用计算机图形技术在显示器屏幕上创建一个虚拟的化工实验装置环境,再通过计算机的输入设备(鼠标或键盘)来表达对实验装置的操作过程,然后借助于实验装置的数学模型和计算机的数值计算能力来模拟实验装置各种参数在操作过程中的变化,构成一个有效的、像在真实环境中一样完成各种指定的实验项目,所取得的效果也等价甚至优于在真实环境中所取得的效果的仿真实验系统。它是相对于真实实验而言的,与真实实验相比两者存在较大的差别:在真实实验中,所采用的实验工具、实验对象都是以实物形态出现的;而在仿真实验中,不存在实物形态的实验工具与实验对象,实验过程主要是对虚拟的实验仪器及设备进行操作。

作为计算机辅助教学一个新的发展方向,仿真实验除了具备计算机辅助教学软件的一般特点之外,还有自己的特征:① 仿真性。仿真实验中的实验环境和实验仪器具有高度的真实感,学生在计算机上进行操作如同置身于真实的实验环境,对真实的实验仪器进行操作。② 交互性。仿真实验使实验变成学生与计算机的双向交流,学生利用鼠标或键盘可以自己对仪器进行操作,自由选择实验内容和实验进程等,可以极大地调动学生的学习积极性。③ 开放性、经济性、灵活性。仿真实验易于扩充维护,操作方便,可以随时开放,反复实践,能有效降低实验仪器的耗费量,避免设备的重复购置,节约资源,提高办学效率。而且仿真实验灵活方便,可移动,便于实现资源共享。

根据仿真实验的功能可将其分为两大类:

(1) 演示型仿真实验

演示型仿真实验是对实验现象的演示。可采取许多教学软件、Flash 或其他多媒体软件制作动画、3D 模型进行演示。作为实验者,只能从观众的角度观察实验,而不能亲自动手,因此缺乏真实感。目前许多高校主要采用演示型实验软件进行实验课前预习,以增加学生对实验的感性认识。

(2) 操作型仿真实验

在操作型仿真实验中,实验者能够控制、参与实验,是实验的主导者。它需要和用户交互来完成具体实验操作,因此操作型仿真实验也可称为交互式仿真实验。使用者能对其中的仿真仪器进行相应的操作,并实时显示实验现象与结果。操作型实验的制作方法相对就较复杂,对于实验操作过程的仿真,必须考虑在特定的事件发生时,如何调出相应的事件、如何触发和如何实现等问题。

4.2.2　仿真系统的制作

Flash动画因具有体积小、表现力强、支持音频、交互性强等优点,而广泛应用于化工仿真实验演示或多媒体光盘的制作,再结合 CAD、Origin、Chemdraw、Photoshop、3D 等绘图软件,可开发出一种形象逼真、操作简洁的化工基础仿真系统。

1. 整体结构

化工基础实验包括流体流动阻力测定、离心泵性能测定、传热、精馏、吸收与解吸、干燥、萃取等基本单元操作,分别由不同的仪器仪表和管道组合而成。根据各个仿真实验的不同,在模块上有些不同,但是不管哪个仿真实验,其整体系统的开发过程都分为三个阶段:实验前的准备、实验过程及数据记录和数据处理。前两个阶段在 Flash 动画制作软件上完成,具体的设计思想如下:

(1)实验分析。了解各个实验的流程,分析每个实验的每个部件。

(2)用 CAD 或其他绘图软件制作出大概图形框架。再根据每一套装置流程图的要求,以真实、立体的效果来实现。

(3)用 Photoshop 软件把各个部件做出相应的图像和颜色。各个部件最好用不同的图层,以便不合适时随时更改。

(4)用 Flash 软件制作动画。各部件最好能以单独的文件存在,以便在图库或共享图库打开时,能减少等待时间和作品里各图之间的相互影响。把各个作品按实验要求在场景中摆好,注意层的上下位置的问题,下面的图层所有的图在层的最前面。

(5)当完成各种布局后,进行测试,可以直接测试(按 Enter 键),也可以执行文件测试(按 Ctrl＋Enter 组合键)。建议以后种方式进行测试,后一种测试交互操作,效果更好。如果发现有错误,回到文件进行修改,直到满意为止,然后可以以各种不同的文件发布。

第三阶段在 VisualStudio 2005 软件开发工具上完成,并且使用 Access 数据库进行数据的存储与交换。

2. 仿真系统的实现

在计算机模拟化工基础实验时,需要通过动态数学模型来模拟真实的实验操作,该模型主要包括实验指导、素材演示、仿真操作、数据处理、考题测试、帮助功能等内容。下面以离心泵性能测定为例,详细说明仿真系统的制作过程。

在实验准备阶段与实验开始阶段的 Flash 动画的制作过程中,为了更好地做到人机交互,又考虑实验步骤有先有后,必须使用专门为 Flash 脚本开发的 ActionScript 语言。如点击水泵开启按钮必须在阀门开启以后才能进行,当水泵与阀门同时启动后,便开始灌水,在这期间禁用系统中所有的按钮。待灌水过程结束,先关阀门再关水泵。点击“开始实验”按钮,可以开启下一个界面继续实验。为了增加实验的真实性,需对阀门的流量控制进行设置,分为 10 个级别,可以逐渐减小或增大。通过阀门调节流量级别,仪表数值会随之变化。运用 VisualStudio.Net 开发环境编写 C♯程序,可以通过拖动添加组件,并自动生成组件需要的代码。在制作化工基础实验模拟课件时,可通过 VisualStudio 属性窗口设置各种开发元素属性(如外观、名称等),且属性窗口中显示的内容,随着选择开发元素的不同而动态改变。利用 VisualStudio"工具箱",可以向应用程序添加标准控件。在设置好窗体和控件后,利用 VisualStudio 的代码编辑器编写程序代码。在命令窗口中,可以直接输入并执行各种命令,调试应用程序,并通过在即时窗口的命令行中输入表达式或变量名,可以得到它们的值。编写程序过程中,难免会遇到一些错误,开发人员需要对应用程序进行调试,查找错误的根源,以期达到设计要求。离心泵性能测定实验涉及流体流动、水泵运转、仪表变化、阀门打开或关闭等动作,在仿真系统中通过 Flash 动画来实现这些动作的动态效果,使整个实验过程表现得更加真实。

3. 实验数据处理

化工原理实验过程中往往要测定温度、压强、流量、浓度、流速等数据,同时必须对这些参数进行整理和分析,并运用相关的理论公式进行计算,才能达到实验预期目的。化工基础实验实际测得的数据多,绘图耗时费力,计算公式复杂,有时甚至需要进行迭代计算,借助计算机辅助程序可圆满解决这些问题。在仿真软件中,通过 C♯ 语言设计数据处理程序。根据各化工单元操作理论建立数学模型,使仿真数据在实际操作的数据范围内随机产生,以保证每个学生在进行仿真实验时即使初始条件相同,也不会得到完全相同的实验结果,更接近真实操作状况。实验完成后,点击"记录数据"按钮,计算机会自动将仪表的数值记录在数据库中,并在后台进行数据传递,然后根据预先输入的计算公式进行数据处理。当点击"查看数据"按钮,屏幕上显示出数据以及由公式计算得出的"扬程"、"有效功率"、"效率"数值。点击"绘图"按钮,可直接绘制出 H-Q、P-Q 及 ηQ 三条特性曲线。当数据记录完毕,无论是实验结束还是中途关闭实验窗体,都将出现一个对话框以提示实验者"是否保存当前数据?",操作者可根据提示对实验数据进行取舍。

4.2.3 仿真实验实例——离心泵及液位

1. 离心泵操作工艺

(1)工作原理

离心泵由电动机带动,启动前须在离心泵的壳体内充满被输送的液体。当电机通过联轴结带动叶轮高速旋转时,液体受到叶片的推力同时旋转,由于离心力的作用,液体从叶轮中心被甩向叶轮外沿,以高速流入泵壳,当液体到达蜗形通道后,由于截面积逐渐扩大,大部分动能变成静压能,于是液体以较高的压力送至所需的地方。当叶轮中心的流体被甩出后,泵壳吸入口形成了一定的真空,在压差的作用下,液体经吸入管吸入泵壳内,填补了被排出液体的位置。

(2)离心泵的特性曲线

离心泵的重要性能参数有:流量(F)、扬程(H)、功率(N)和效率(η),这些性能参数之间存在一定的关系,可以通过实验测定。通过实验测定所绘制的曲线,称为离心泵的特性曲线。常用的离心泵特性曲线有如下三种:

① H-F 曲线,表示离心泵流量 F 和扬程 H 的关系。离心泵的扬程在较大流量范围内是随流量增大而减小。不同型号的离心泵,H-F 曲线有所不同。相同型号的离心泵,特性曲线也不一定完全一样。

② N-F 曲线,表示离心泵流量 F 和功率 N 的关系,N 随 F 的增大而增大。显然,当流量为零时,离心泵消耗的功率最小。因此,启动离心泵时,为了减少电机启动电流,应将离心泵出口阀门关闭。

③ η-F 曲线,表示离心泵流量 F 和效率 η 的关系。此曲线的最高点是离心泵的设计点,离心泵在该点对应的流量及压头下工作,其效率最高。

(3)离心泵的操作要点

离心泵的操作包括充液、启动、运转、调节及停车等过程。离心泵在启动前必须使泵内充满液体,通过高点排气保证泵体和吸入管内没有气体积存。启动时应先关闭出口阀门,防止电机超负荷。停泵时亦应先关闭出口阀门,以防出口管内的流体倒流使叶轮受损。长期停泵,应放出泵内的液体,以免锈蚀和冻裂。

(4)工艺流程

如流程图 4-7 所示,离心泵系统由一个储水槽、一台主离心泵、一台备用离心泵、管线、调节器及阀门等组成。上游水源经管线由调节阀 V1 控制进入储水槽。上游水流量通过孔板流量计 FI 检测。水槽液由调节器 LIC 控制,LIC 的输出信号连接至 V1。离心泵的入口管线连接至水槽下部。管线上设有手操阀 V2 及旁路备用手操阀 V2B、离心泵入口压力表 PI1。离心泵设有高点排气阀 V5、低点排液阀 V7 及高低点连通管线上的连通阀 V6。主离心泵电机开关是 PK1,备用离心泵电机开关是 PK2。离心泵电机功率 N、总扬程 H 及效率 M 分别有数字显示。离心泵出口管线设有出口压力表 PI2、止逆阀、出口阀 V3、出口流量检测仪表、出口流量调节器 FIC 及调节阀 V4。

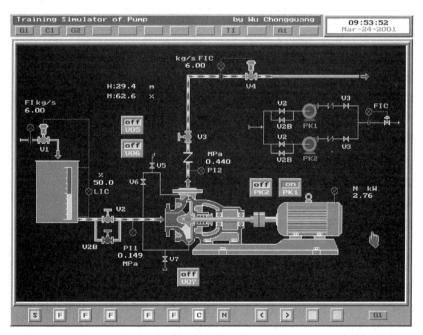

图 4-7　离心泵单元流程图画面

图 4-7 离心泵电机上方的小流程图表示了主离心泵和备用离心泵的安装方式。为了节省画面,本仿真软件设定:当事故状态开启备用泵 PK2 时,相关的所有仪表阀门默认为

属于备用泵。

（5）控制组画面

控制组画面（图 4-8）集中了离心泵系统相关的调节器、指示仪表、手操器及开关，可以在该画面中完成所有操作。将图 4-7 及图 4-8 中的控制、指示仪表及阀门说明如下：

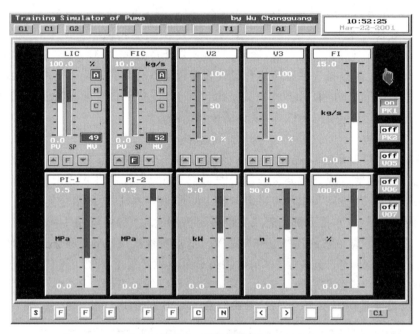

图 4-8　控制组画面

① 指示仪表

PI1 离心泵入口压力　　　　MPa　　　PI2 离心泵出口压力　　　　MPa

FI　低位储水槽入口流量　kg/s　　　H　离心泵扬程　　　　　　m

N　离心泵电机功率　　　　kW　　　M　离心泵效率　　　　　　%

② 调节器及调节阀

LIC 低位储水槽液位调节器　　　%

FIC 离心泵出口流量调节器　　　kg/h

V1　低位储水槽入口调节阀

V4　离心泵出口流量调节阀

③ 手操器

V2　离心泵入口阀　V2B　离心泵入口旁路备用阀　V3　离心泵出口阀

④ 开关及快开阀门

V5　离心泵高点排气阀　V6　排气排液连通阀　V7　离心泵排液阀

PK1　离心泵电机开关　　　PK2　离心泵备用电机开关

（6）报警限说明

FIC　离心泵出口流量低限报警　＜1.0　kg/s　　　（L）

LIC　低位储水槽液位高限报警　＞80　%　　　　（H）

LIC　　低位储水槽液位低限报警　　＜20　　％　　　　（L）

PI1　　离心泵入口压力低限报警　　＜0.1　MPa　　　（L）

2. 离心泵冷态开车

(1) 检查各开关、手动阀门是否处于关闭状态。

(2) 将液位调节器 LIC 置手动,调节器输出为零。

(3) 将液位调节器 FIC 置手动,调节器输出为零。

(4) 进行离心泵充水和排气操作。开离心泵入口阀 V2,开离心泵排气阀 V5,直至排气口出现蓝色点,表示排气完成,关阀门 V5。

(5) 为了防止离心泵开动后储水槽液位下降至零,手动操作 LIC 的输出使液位上升到 50% 时投自动。或先将 LIC 投自动,待离心泵启动后再将 LIC 给定值提升至 50%。

(6) 在泵出口阀 V3 关闭的前提下,开离心泵电机开关 PK1,低负荷启动电动机。

(7) 开离心泵出口阀 V3,由于 FIC 的输出为零,离心泵输出流量为零。

(8) 手动调整 FIC 的输出,使流量逐渐上升至 6 kg/s 且稳定不变时投自动。

(9) 当储水槽入口流量 FI 与离心泵出口流量 FIC 达到动态平衡时,离心泵开车达到正常工况。此时各检测点指示值如下:

FIC	6.0	kg/s	FI	6.0	kg/s
PI1	0.15	MPa	PI2	0.44	MPa
LIC	50.0	%	H	29.4	m
M	62.6	%	N	2.76	kW

3. 离心泵停车操作

(1) 首先关闭离心泵出口阀 V3。

(2) 将 LIC 置手动,将输出逐步降为零。

(3) 关 PK1(停电机)。

(4) 关离心泵进口阀 V2。

(5) 开离心泵低点排液阀 V7 及高点排气阀 V5,直到蓝色点消失,说明泵体中的水排干。最后关 V7。

4. 离心泵特性曲线的测定

(1) 离心泵开车达到正常工况后,FIC 处于自动状态。首先将 FIC 的给定值逐步提高到 9 kg/s。当储水槽入口流量 FI 与离心泵出口流量 FIC 达到动态平衡时,记录此时的流量(F)、扬程(H)、功率(N)和效率(M)。

(2) 然后按照每次 1 kg/s(或 0.5 kg/s)的流量降低 FIC 的给定值。每降低一次,等待系统动态平衡后记录一次数据,直到 FIC 的给定值降为零。

(3) 将记录的数据描绘出 H-F、N-F 和 η-F 三条特性曲线。完成后与"G2"画面(图 4-9)的标准曲线对照,应当完全一致。

5. 事故设置及排除

(1) 离心泵入口阀门堵塞　　(F2)

事故现象:离心泵输送流量降为零。离心泵功率降低。流量超下限报警。

排除方法:首先关闭出口阀 V3,再开旁路备用阀 V2B,最后开 V3 阀恢复正常运转。

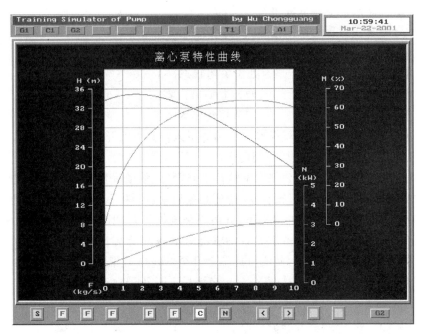

图 4-9　离心泵特性曲线画面

　　合格标准：根据事故现象能迅速作出合理判断。能及时关泵并打开阀门 V2B，没有出现储水槽液位超上限报警，并且操作步骤的顺序正确为合格。

　　（2）电机故障　（F3）

　　事故现象：电机突然停转。离心泵流量、功率、扬程和出口压力均降为零。储水槽液位上升。

　　排除方法：立即启动备用泵。步骤是首先关闭离心泵出口阀 V3，再开备用电机开关 PK2，最后开泵出口阀 V3。

　　合格标准：判断准确。开备用泵的操作步骤正确，没有出现储水槽液位超上限报警，为合格。

　　（3）离心泵"气缚"故障　（F4）

　　事故现象：离心泵几乎送不出流量，检测数据波动，流量下限报警。

　　排除方法：及时关闭出口阀 V3。关电机开关 PK1。打开高点排气阀 V5，直至蓝色点出现后，关阀门 V5。然后按开车规程开车。

　　合格标准：根据事故现象能迅速作出合理判断。能及时停泵，打开阀门 V5 排气，并使离心泵恢复正常运转为合格。

　　（4）离心泵叶轮松脱　（F5）

　　事故现象：离心泵流量、扬程和出口压力降为零，功率下降，储水槽液位上升。

　　排除方法：与电机故障相同，启动备用泵。

　　合格标准：判断正确。合格标准与电机故障相同。

　　（5）FIC 流量调节器故障　（F6）

　　事故现象：FIC 输出值大范围波动，导致各检测量波动。

排除方法：迅速将 FIC 调节器切换为手动，通过手动调整使过程恢复正常。

合格标准：判断正确。手动调整平稳，并且较快达到正常工况。

参考文献

［1］胡涛，陈传平，冯良东，等.VB 结合 Flash 制作化工原理离心泵实验 CAI 课件［J］. 宁波工程学院学报，2007，6（2）：57-62.

［2］姚飞，杜俊琪，戴治海.仿真技术在化工原理实验中的开发与应用［J］.实验技术与管理，1990，7（3）：36-38.

［3］卫静莉，李晓红.化工原理实验仿真功能设计及教学探讨［J］.实验室研究与探索，2006，25（1）：44-46.

［4］刘凯.计算机仿真技术在化工教学中的应用［J］.计算机与网络，科技信息，2009，8：180.

［5］陈寅生，主编.化工原理实验及仿真［M］.上海：东华大学出版社，2005.

［6］冯亚云，冯朝伍，张金利.化工基础实验［M］.北京：化学工业出版社，2000.

［7］张金利，郭翠梨，主编.化工基础实验［M］.第二版.北京：化学工业出版社，2006.

［8］福州大学化工原理实验室.化工原理实验（讲义），2004.

［9］李德树，黄光斗，主编.化工原理实验［M］.武汉：华中理工大学出版社，1997.

第五章 实验部分

实验一 流体流动过程中机械能的相互转化
——柏努利方程演示实验

一、实验目的

1. 通过实际观察及测量静止和流动的流体中各种压头（各种机械能）及其相互转化的过程，验证流体静力学方程以及柏努利方程的结果。

2. 通过实际观察和测量流速的变化，以及相应的压头损失（机械能损失）的变化情况，确定流速与压头损失之间的关系。

二、实验原理

首先要提出一个问题：流动体系的能量形式主要有哪几种？（流体的动能、位能、静压能以及流体本身的内能。前三种又统称为流体的机械能。）流体以一定的速度流动时就具有动能，其表达式为 $mu^2/2$，单位 J。流体因受重力作用，在不同高度具有不同的位能，其表达式为 mgZ，单位 J。在流体内部任一处都存在一定的静压力，如果在流体流经的管道上插入一个玻璃管，就会看到流体在玻璃管内上升到一定的高度，这种现象我们会在本实验中看到。静压能就是为了使流体克服这种静压力而流动，由外界对它做流动功而具有的能量。所以，静压能的值由功的形式求出：力 $PS \times$ 流体在力方向上的位移 $V/S = PV = Pm/\rho$，单位 J。而内能是随温度和比容的变化而变化，若过程中没有热量输入，则流体流动时的能量衡算可以只考虑机械能之间的相互转换。那么，流动流体的总机械能就是以上三个值的和，即

$$mu^2/2 + mgZ + Pm/\rho$$

如果在理想流体中，就是指流动时内部没有内摩擦力存在的流体，即粘度为零的流体中，在其做定向流动的管道上任取两个与流动方向垂直的截面 1-1′ 和 2-2′，根据能量守恒定律，这两个截面间的总机械能应守恒，即

$$mu_1^2/2 + mgZ_1 + P_1m/\rho = mu_2^2/2 + mgZ_2 + P_2m/\rho$$

这就是理想流体在做定向流动时的柏努利方程。工程上，将单位重力的流体所具有的能量（单位 J/N，即 m），称为"压头"。若把上式各项均除以流体重力 mg，则得到以压头形式表示的柏努利方程：

$$u_1^2/2g + Z_1 + P_1/\rho g = u_2^2/2g + Z_2 + P_2/\rho g$$

式中 $u^2/2g, Z$ 和 $P/\rho g$ 分别是以压头形式表示的动能、位能和静压能，分别称为动压头、位压头和静压头。我们在实验中所记录的就是压头。

但在实际中，由于流体都具有粘度，就必然会在流动中产生阻力损失。我们设阻力

压头为 $\sum h_f$，则柏努利方程修正为

$$u_1^2/2g + Z_1 + P_1/\rho g = u_2^2/2g + Z_2 + P_2/\rho g + \sum h_f$$

这就是本实验要验证的能量衡算方程。

三、实验装置

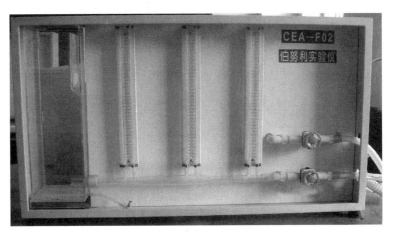

图 5-1　伯努利实验仪

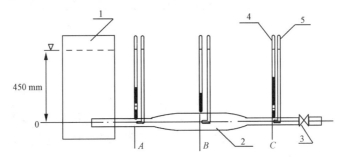

图 5-2　装置流程示意图
1—稳压水槽　2—实验导管　3—流量调节阀　4—静压头测量管　5—冲压头测量管

四、实验步骤

实验前，先缓慢开启进水阀，将水充满稳压溢流水槽，并保持有适量溢流水流出，使槽内液面平稳不变。最后，设法排尽设备内的空气泡。

实验可按如下步骤进行：

(1) 关闭实验导管的出口调节阀，观察和测量液体处于静止状态下各测试点(A、B 和 C)的压头。

(2) 开启实验导管的出口调节阀，观察比较液体在流动情况下各测试点的压头变化。

(3) 缓慢开启实验导管的出口调节阀，测量流体在不同流量下各测试点的静压头、动压头和损失压头。

五、注意事项

1. 实验前一定要将实验导管和测压管中的气泡排除干净,否则会干扰实验现象和测量的准确性。

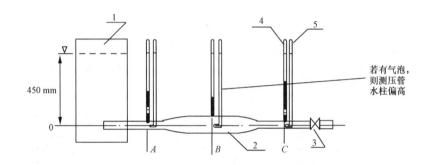

2. 开启进水阀,向稳定压水槽注水,或开关实验导管的出口调节阀时,一定要缓慢地调节开启程度,并随时注意设备内的变化,保证溢流,且水面无波动。

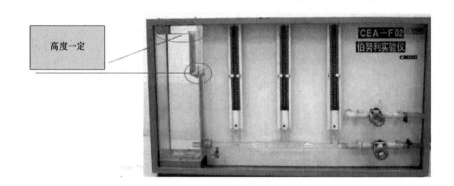

3. 实验过程中需要根据测压管量程范围确定最小和最大流量。

4. 根据静力学原理,静止状态下各测试点压力应该相等。所以,实验前一定要进行标尺校正,否则会影响实验数据的准确性。

六、实验结果记录与计算

水温:＿＿＿＿＿＿＿＿；

管径:$d_1 =$ ＿＿＿＿＿＿＿＿；$d_2 =$ ＿＿＿＿＿＿＿＿；$d_3 =$ ＿＿＿＿＿＿＿＿。

表 5-1　压头与相关数据测量结果

测压点	测量位置压头 (mmH$_2$O)		流量 (L/h)	流速 (m/s)
	左	右		
1				
2				
3				

表 5-2　压头与相关数据的计算结果

测压点	压头(mmH$_2$O)			
	动压头	静压头	损失压头	总压头
1				
2				
3				

七、讨论

1. 流体在管道中流动时涉及哪些能量?

2. 观察实验中如何测得某截面上的静压头和总压头,又如何得到某截面上的动压头?

3. 不可压缩流体在水平不等径管路中流动,流速与管径的关系如何?

实验二 流体流动形态的判据——雷诺准数的测定

一、实验目的

通过雷诺准数的测定及不同流动形态时流体流动和速度分布情况的观察,进一步加深对雷诺准数是流体流动形态的决定因素的理解。

二、实验原理

在研究流体流动状态对过程的影响时,往往要计算不同过程中的雷诺准数。雷诺准数的大小对化工过程速率的影响往往起着重要的作用。

通过不同流体和不同管径进行的大量实验表明,影响流体流动的因素除了流速 u 外,还有流体流过的通道管径 d 的大小,以及流体的物理性质,如粘度 η 和密度 ρ。雷诺将上述四个因素归纳为一个特征数,称为雷诺准数,以符号 Re 表示:

$$Re = \frac{d \cdot u \cdot \rho}{\eta}$$

式中,d—管子内径,m;

　　ρ—流体密度,kg/m^3;

　　u—流体平均流速,m/s;

　　η—粘度,Pa·s。

化工基础中的准数共有 180 多个,雷诺准数为其中之一。其特点是用因次分析的方法所得来的无因次量。若将各物理量的量纲代入,则有

$$Re = \frac{L \cdot LT^{-1} \cdot ML^{-3}}{ML^{-1} \cdot T^{-1}} = L^0 \cdot M^0 \cdot T^0$$

式中,L,M,T 分别是长度、质量、时间的量纲符号。

注意:

(1)雷诺准数是量纲为一的数群,是一个特征数,计算时注意式中各个物理量必须采用统一的单位制。

(2)各物理量的物性参数的查询要根据定性温度,有必要时进行校正。

雷诺准数可以作为流体流动形态的判据。实验发现,流体在直管中流动时,一般情况下,当 $Re \leqslant 2000$ 时,流体的流动形态为滞流(充满管内的水流如同一层层平行于管壁的圆筒形薄层,各层以不同流速向前运动,这种流动状态称为滞流或层流);当 $Re \geqslant 4000$ 时,流体的流动形态为湍流(水流质点除了沿管轴方向流动外,还有径向的复杂运动,这种流动形态称为湍流或紊流);而当 $2000 < Re < 4000$ 时,流体的流动形态处于一种过渡状态,可以是滞流,也可以是湍流,取决于流动的外部条件。通常情况下,管道的直径或方向改变、外来的轻微扰动、气泡等都易促成湍流的产生。所以,往往将过渡状态当作湍流对待。

流体流动形态示意图如下:

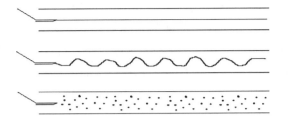

滞流形态,墨水呈一条直线

过渡流形态,墨水出现波动

湍流形态,墨水与水完全混合

三、实验装置

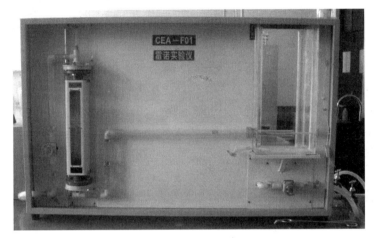

图 5-3　雷诺实验仪

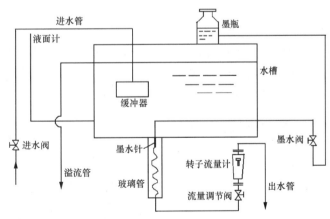

图 5-4　雷诺实验装置简图

注意:要根据具体的实验设备进行操作。

自来水经由上水阀控制在一定的流量下连续不断地经过进水管流入缓冲器,缓冲器的作用是避免水直接冲入水槽而引起额外的扰动。再从缓冲器流入水槽,达到一定水位后,直至溢流管保持少量溢流,以维持水位恒定。水槽中的水由流量调节阀控制在一定流量下,从上到下流经主玻璃管,再从下至上流经转子流量计,流量计要竖直放置。最后经出水管进入下水道。

墨水由墨水阀控制,流经乳胶管、紫铜管,最后从墨水针流出。由于用水无法直接观察液体流动形态,所以用墨水代替水进行实验,则可直接观察到流体质点的运动情况及流动形态。实验时,为了获得良好的观测效果,应仔细调节墨水注入速度,使其与管内水流速度一致。另外,墨水针应位于玻璃管中心,并且与中心线平行,可以通过调节紫铜管来完成。

四、实验步骤

1. 开启上水阀至水槽加满水,并保持有少量水溢流。

2. 调节流量调节阀和墨水阀,初步估计由滞流到湍流之间的流量范围(大概从 50 L/h 起每隔 30 L/h)。

3. 在以上初步估计的流量范围内,从小流量到大流量,然后从大流量到小流量各做 5 组数据。每做一组数据时,要记下水的流量和墨水线的形状。

4. 关闭流量调节阀及墨水阀,在玻璃管中的水处于静止状态时,迅速加入少量墨水至 2～3 cm 高,然后停止加墨水,打开流量调节阀使水保持滞流,这时可以看见被染色的水质点速度分布状况呈抛物线分布,如图 5-5 所示。

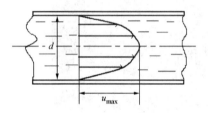 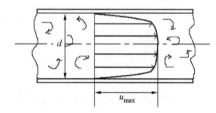

(a) 滞流流速呈抛物线分布($u_{平} = 0.5\,u_{\max}$)　　(b) 湍流流速分布前沿平坦,近壁陡峭($u_{平} = 0.8\,u_{\max}$)

图 5-5　水质点速度分布情况

五、注意事项

1. 使水槽中的水保持稳定流动状态,保有少量溢流即可,注意进水阀开启度。

2. 墨水阀调节时应缓慢,否则会影响效果。

3. 如玻璃管中有气泡,应及时排除,否则会造成湍流。

六、实验数据记录、处理及结论

装置编号:＿＿＿＿＿＿　水温 $t=$＿＿＿＿＿℃　玻璃管内径 $d=$＿＿＿＿＿m

序　号	转子流量计读数 Q_V(L/h)	雷诺准数 Re	墨水线形状
1			
2			
3			
4			
5			
6			
7			
8			
9			
10			

结论：当 $Re=$ ＿＿＿＿＿时为滞流；当 $Re=$ ＿＿＿＿＿时为湍流。

注意：

(1) 转子流量计读数为 Q_v（体积流量），要将其换算为流速 u，方可算出 Re。其计算方法为：$Q_v=u \cdot S$（S 为管径面积），并要注意统一单位。

(2) 按照定性水温查出相应水的密度和粘度。

七、讨论

1. 根据实验结论求出临界雷诺准数 Re 的值，并与教材中结论作比较，分析误差原因。

2. 影响流体流动形态的因素有哪些？在什么情况下可以只由流速判断流动形态？

3. 本实验观察到的流体质点速度分布情况如何？画图示之。

实验三 离心泵特性曲线的测定

一、实验目的

在化工厂或实验室中,经常需用各种输送机械输送流体。应根据不同使用和操作要求,选择各种类型的流体输送机械。离心泵是其中最为常用的一类液体输送机械。离心泵的特性由厂家通过实验直接测定,并提供给用户在选择和使用泵时参考。

本实验采用单级单吸离心泵装置,实验测定在一定转速下泵的特性曲线。通过实验了解离心泵的构造、安装流程和正常的操作过程,掌握离心泵各项主要特性及其相互关系,进而加深对离心泵的性能和操作原理的理解。

二、实验原理

离心泵主要特性参数有流量、扬程、功率和效率。这些参数不仅表征泵的性能,也是选择和正确使用泵的主要依据。

1. 泵的流量

泵的流量即泵的送液能力,是指单位时间内泵所排出的液体体积。泵的流量可直接由一定时间 t 内排出液体的体积 V 来测定,即

$$Q_V = V/t \quad (\text{单位}:\text{m}^3/\text{s})$$

若泵的输送系统中安装有经过测定的流量计,泵的流量也可由流量计测定。当系统中装有孔板流量计时,流量大小由压差计显示,流量 Q_V 与倒 U 形管压差计读数 R 之间有如下关系:

$$Q_V = C_0 S_0 \sqrt{2gR} \quad (\text{单位}:\text{m}^3/\text{s})$$

式中,C_0—孔板流量系数;

S_0—孔板的锐孔面积,m^2。

2. 泵的扬程

泵的扬程即总压头,表示单位重量液体从泵中所获得的机械能。若以泵的压出管路中装有压力表处为 B 截面,以及吸入管中装有真空表处为 A 截面,并在此两截面之间列机械能衡算式,则可得出泵扬程 H_e 的计算公式:

$$H_e = H_0 + (P_B - P_A)/\rho g + (\mu_B^2 - \mu_A^2)/2g$$

式中,P_B—由压力表测得的表压力,Pa;

P_A—由真空表测得的真空度,Pa;

H_0—A,B 两个截面之间的垂直距离,m;

μ_A—A 截面处的液体流速,m/s;

μ_B—B 截面处的液体流速,m/s。

3. 泵的功率

在单位时间内,液体从泵中实际获得的功,即为泵的有效功率。若测得泵的流量为 $Q_V(\text{m}^3/\text{s})$,扬程为 $H(\text{m})$,被输送液体的密度为 $\rho(\text{kg/m}^3)$,则泵的有效功率可按下式计

算：

$$N_e = Q_V H_e \rho g \qquad （单位：W）$$

泵轴所做的实际功不可能全部为被输送液体所获得，其中部分消耗于泵内的各种能量损失。电动机所消耗的功率大小又大于泵轴所做的实际功率。电机所消耗的功率可直接由输入电压 U 和电流 I 测得，即

$$N = UI \qquad （单位：W）$$

4. 泵的总效率

泵的总效率可由测得的泵有效功率和电机实际消耗功率计算得出，即

$$\eta = N_e / N$$

5. 泵的特性曲线

上述各项泵的特性参数并不是孤立的，而是相互制约的。因此，为了准确全面地表征离心泵的性能，需在一定转速下，将实验测得的各项参数 H_e，N，η 与 Q_V 之间的变化关系标绘出一组曲线。这组关系曲线称为离心泵特性曲线。离心泵特性曲线对离心泵的操作性能给出完整的概念，并可由此确定泵的最适宜的操作条件。

通常，离心泵在恒定转速下运转，因此泵的特性曲线是在一定转速下测得的。若改变了转速，泵的特性曲线也将随之而改变。泵的流量、扬程和有效功率与转速之间，大致存在如下比例关系：

$$\frac{Q_V}{Q_V'} = \frac{n}{n'}, \qquad \frac{H_e}{H_e'} = \left(\frac{n}{n'}\right)^2, \qquad \frac{N_e}{N_e'} = \left(\frac{n}{n'}\right)^3$$

三、实验装置

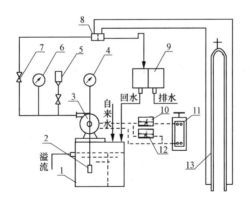

图 5-6　离心泵特性曲线装置图
1—循环水槽　2—底阀　3—离心泵　4—真空表　5—注水槽
6—压力表　7—调节阀　8—孔板流量计　9—分液槽
10—电流表　11—调压变压器　12—电压表　13—倒 U 形管压差计

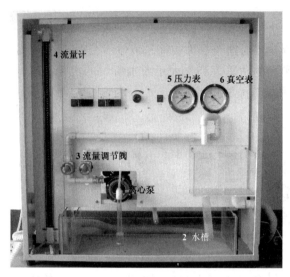

图 5-7 离心泵实验仪

四、实验步骤

在离心泵性能测定前,按下列步骤进行启动操作:

(1) 充水。打开注水槽下的阀门,将水灌入泵内。在灌水过程中,需打开调节阀,将泵内空气排除。当从透明端盖中观察到泵内已经灌满水后,将注水阀门关闭。

(2) 启动。启动前,先确定泵出口调节阀关闭,变压器调回零点,然后合闸接通电源。缓慢调节变压器至额定电压(220 V),泵即随之启动。

(3) 运行。泵启动后,叶轮旋转无振动和噪声,电压表、电流表、压力表和真空表指示稳定,则表明运行已经正常,即可投入实验。

实验时,逐渐分步调节泵出口调节阀。每调定一次阀的开启度,待状态稳定后,即可进行以下测量:

(1) 将出水转向弯头由分水槽的回水格拨向排水格,同时用秒表记取时间,用容器接取一定水量。用称量或量取体积的方法测定水的体积流速。

(2) 从压力表和真空表上读取压力和真空度的数值。

(3) 记取孔板流量计的压差计读数。

(4) 从电压表和电流表上读取电压和电流值。

在泵的全部流量范围内,可分成 8~10 组数据进行测量。

实验完毕,应先将泵出口调节阀关闭,再将调压变压器调回零点,最后再切断电源。

五、注意事项

1. 该装置应良好地接地。

2. 启动离心泵前,关闭压力表和真空表的开关,以免损坏压力表。

六、实验数据记录及整理

1. 基本参数

（1）离心泵

流量 $V_s=$ _____；　　　　扬程 $H_e=$ _____；

功率 $N=$ _____；　　　　转速 $n=$ _____。

（2）管道

吸入导管内径 $d_1=$ _____ mm；

压出导管内径 $d_2=$ _____ mm；

A,B 两截面间垂直距离 $H_0=$ _____ mm。

（3）孔板流量计

锐孔直径 $d_0=$ _____ mm。

（4）仪表

电压 $U=$ _____ V；　　　　电流 $I=$ _____ A。

2. 实验结果整理

实验序号	1	2	3	4	5	6	7	8
流量 $Q_V(\text{m}^3/\text{s})$								
扬程 $H_e(\text{m})$								
有效功率 $N_e(\text{W})$								
轴功率 $N(\text{W})$								
效率 $\eta(\%)$								

3. 将实验数据整理结果标绘成离心泵的特性曲线（以 Q_V 为横坐标，以 $H_e(\text{m})$，$N_e(\text{W})$，$\eta(\%)$ 为纵坐标，参见图 5-8）。

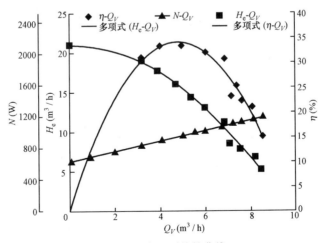

图 5-8　离心泵特性曲线

七、讨论

1. 离心泵启动前为什么必须灌水排气？

2. 由实验数据分析，离心泵为什么要在出口阀关闭的情况下启动？

3. 由实验得知，泵的流量越大，泵进口处真空表读数越大，为什么？

实验四　流体流动阻力的测定

一、实验目的

1. 通过实验观察和测定,掌握直管摩擦阻力引起的压力降 ΔP_f 的规律,并掌握摩擦系数 λ 的测定方法。

2. 熟知摩擦系数 λ 与雷诺准数 Re 之间的关系及变化规律,并在双对数坐标纸上绘制曲线。

3. 了解流体流经闸阀等管件时的局部阻力系数 ξ 的测定。

二、实验原理

流体在管内流动时,由于粘性剪应力和涡流的存在,不可避免地要消耗一定的机械能。这种机械能的消耗包括流体流经直管的沿程阻力和流体流经管件、阀件时的局部阻力。

1. 直管阻力

流体在水平均匀管道中稳定流动时,阻力损失表现为压力降低。

$$W_f = \frac{\Delta P}{\rho} = \lambda \frac{l}{d} \frac{u^2}{2}$$

即

$$\lambda = f\left(\frac{du\rho}{\eta}, \frac{\varepsilon}{d}\right)$$

式中,ΔP—压降,Pa;

W_f—直管阻力损失,J/kg;

ρ—流体密度,kg/m³;

l—直管长度,m;

d—直管内径,m;

u—流体流速,m/s;

η—流体粘度,Pa·s;

λ—摩擦系数。

层流时,$\lambda = 64/Re$;湍流时,λ 是雷诺准数 Re 和相对粗糙度的函数,须由实验确定。

2. 局部阻力

局部阻力通常有两种表示方法,即当量长度法和阻力系数法。

（1）当量长度法

流体流经管件或阀件时的局部阻力可以折合成管径相同、长度为 l_e 的直管阻力损失,即

$$W_f' = \lambda \frac{l_e}{d} \frac{u^2}{2}$$

式中,l_e—管件或阀件的当量长度。

（2）阻力系数法

流体流经管件或阀件时的局部阻力，可用动能的倍数来表示，此种方法称为阻力系数法。即

$$W'_f = \zeta \frac{u^2}{2}$$

式中，ζ—局部阻力系数。

3. Re, λ, ζ 的测定

本实验在管壁粗糙度、管长、管径一定的条件下，用水做实验。当温度不变时，即等温条件下，雷诺准数 $Re = du\rho/\mu = Au$，其中 A 为常数。因此只要改变水流量，测得一系列流量下的 ΔP 值，将已知尺寸、有关物性数据和所测数据代入各式，即可分别求出 Re，λ，ζ。

三、实验装置

本实验装置主要是由循环水系统（或高位稳压水槽）、实验管路系统和高位排气水槽串联组合而成。每条测试管的测压口通过转换阀组与压差计连通。

压差由一倒 U 形管水柱压差计显示。孔板流量计的读数由另一倒 U 形管水柱压差计显示。该装置的流程如图 5-9 和 5-10 所示。

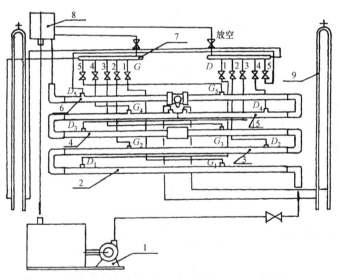

图 5-9　管路流体阻力实验装置流程图
1—循环水泵　2—光滑实验管　3—粗糙实验管　4—扩大与缩小实验管
5—孔板流量计　6—阀门　7—转换阀组　8—水槽

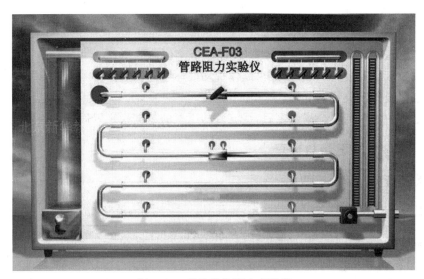

图 5-10　管路流体阻力实验仪

四、实验步骤

1. 关闭所有阀门，打开放水阀与灌水阀，给整个设备的管路中灌水，灌好水后关闭放水阀与灌水阀。

2. 给倒 U 形管压差计排气，并准备做光滑管阻力测定实验。

3. 倒 U 形管压差计(图 5-11)内充空气，以待测液体为指示液，一般用于测量液体小压差的场合。其使用的具体步骤是：

(1) 排出系统和导压管内的气泡。关闭进气阀 3 和平衡阀 4。

打开高压侧阀 2、低压侧阀 1 和出水活栓 5，使高压侧水经过高压侧阀 2、倒 U 形管压差计玻璃管、出水活栓排出。低压侧阀直接经出水活栓排出系统。管路和倒 U 形管压差计中的气泡排完后，关闭高压侧阀 2 和低压侧阀 1。

(2) 打开进气阀 3 和平衡阀 4，排出倒 U 形管压差计中的水。关闭进气阀 3 和出水活栓 5，打开高压侧阀 2 和低压侧阀 1，让水进入倒 U 形管压差计中，直到倒 U 形管压差计中的水位高度平衡。关闭平衡阀 4，查看倒 U 形管压差计中的水位是否平衡，如平衡就可以继续进行实验，如不平衡则有漏气现象。

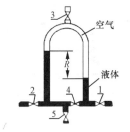

图 5-11　倒 U 形管压差计示意图
1—低压侧阀门　2—高压侧阀门　3—进气阀门　4—平衡阀门　5—出水活栓

4. 缓缓打开出水阀门，调节流量从 1 m³/h 开始，每次改变 0.4 m³/h，测取不同流量下的压差等有关参数。

5. 重复上述操作，可分别进行粗糙管及局部阻力实验。

6. 测量局部阻力系数时，各测取 3 组数据，对于直管，测取 10 组左右的数据。

7. 实验结束后，应将装置中的水排放干净，并清理实验现场。

五、注意事项

1. 测定压差,倒 U 形管压差计要排气,调节水位达平衡。
2. 调节流量要慢、稳、准,以减小流体扰动破坏层流内层。
3. 应缓慢打开流量调节阀。
4. 过程中每调节一个流量之后,待流量和压差的数据稳定以后方可记录数据。

六、实验数据记录与计算

1. 原始数据记录表

水温 t _____ ℃;管长 l _____ m;管径 d _____ mm;流量 Q_V _____ m³/s

序 号	流量 Q_V (m³/s)	光滑管∩形压差计示值 (mmH₂O)		粗糙管∩形压差计示值 (mmH₂O)		局部阻力管∩形压差计示值 (mmH₂O)	
		左	右	左	右	左	右
1							
2							
3							
4							
5							
6							
7							
8							
9							
10							

2. 数据计算结果表

密度 ρ _____ kg/m³; 粘度 η _____ Pa·s

序 号	光滑管			粗糙管			局部阻力管		
	ΔP_1	Re_1	λ_1	ΔP_2	Re_2	λ_2	ΔP_3	Re_3	ζ
1									
2									
3									
4									
5									
6									
7									
8									
9									
10									

根据粗糙管实验结果,在双对数坐标纸上标绘出 λ-Re 曲线。对照化工原理教材上有关图形,即可估出该管的相对粗糙度和绝对粗糙度。

七、讨论

1. 倒 U 形管压差计排气时,是否一定要关闭阀阻力流量调节阀? 为什么?

2. 如何检验测试系统内的空气已经被排除干净?

3. 如果要增加雷诺准数的范围,可采取哪些措施?

4. 在不同设备上(包括不同管径)、不同水温下测定的 $\lambda\text{-}Re$ 数据能否关联在同一条曲线上?

5. 如果测压口、孔边缘有毛刺或安装不垂直,对静压的测量有何影响?

6. 以水做介质所测得的 $\lambda\text{-}Re$ 关系能否适用于其他流体? 如何应用?

实验五　非均相分离演示实验

一、实验目的

1. 观察含粉尘的气流在旋风分离器内的运动状况,观察喷射泵抽送物料及气力输送的现象。

2. 观察旋风分离器气固分离的现象,了解气固分离效率的测定及粒级效率的测定。

3. 了解非均相分离实验装置的运行流程和工作原理。

4. 结合筛分装置,可考察气速对旋风分离器分离效率的影响。

二、实验原理

由于在离心场中颗粒可以获得比重力大得多的离心力,因此,对两相密度相差较小或颗粒粒度较细的非均相物系,利用离心沉降分离要比重力沉降有效得多。气-固物系的离心分离一般在旋风分离器中进行,液-固物系的分离一般在旋液分离器和离心沉降机中进行。

旋风分离器主体上部是圆筒形,下部是圆锥形,如图 5-12 所示。含尘气体从侧面的矩形进气管切向进入器内,然后在圆筒内做自上而下的圆周运动。颗粒在随气流旋转过程中被抛向器壁,沿器壁落下,自锥底排出。由于操作时旋风分离器底部处于密封状态,所以,被净化的气体到达底部后折向上,沿中心轴旋转着从顶部的中央排气管排出。

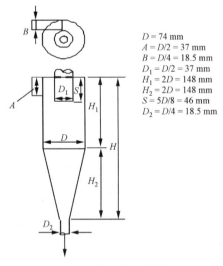

$D = 74 \text{ mm}$
$A = D/2 = 37 \text{ mm}$
$B = D/4 = 18.5 \text{ mm}$
$D_1 = D/2 = 37 \text{ mm}$
$H_1 = 2D = 148 \text{ mm}$
$H_2 = 2D = 148 \text{ mm}$
$S = 5D/8 = 46 \text{ mm}$
$D_2 = D/4 = 18.5 \text{ mm}$

图 5-12　标准旋风分离器

三、实验装置与流程

本装置主要有风机、流量计、气体喷射器、玻璃旋风分离器和 U 形管压差计等组成,如图 5-13 所示。可由调节旁路闸阀控制进入旋风分离器的空气风量,并在转子流量计中显示,流经文丘里气体喷射器时,由于节流负压效应,将固体颗粒储槽内的有色颗粒吸入气流中。随后,含尘气流进入旋风分离器,颗粒经旋风分离落入下部的灰斗,气流由器顶排气管旋转流出。U形管压差计可显示旋风分离器出入口的压差,旋风分离器的压降损失包括气流进入旋风分离器时,由于突然扩大引起的损失、与器壁摩擦的损失、气流旋转导致的动能损失,以及在排气管中的摩擦和旋转运动的损失等。

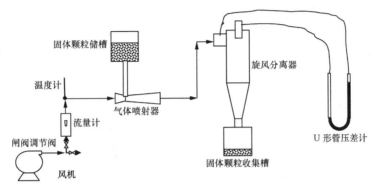

图 5-13　非均相分离实验流程

四、演示操作步骤

先在固体颗粒储槽中加入一定大小的粉粒,一般可选择已知粒径或目数的颗粒,若有颜色则演示效果更佳。(随装置配套的为染成红色的目数为 200～600 的 PVC 颗粒,也可采用煤灰。)

打开风机开关,通过调节旁路闸阀控制适当风量,当空气通过抽吸器(气体喷射器)时,因空气高速从喷嘴喷出,使抽吸器形成负压,抽吸器上端杯中的颗粒就被气流带入系统与气流混合成为含尘气体。当含尘气体通过旋风分离器时,就可以清楚地看见颗粒旋转运动的形状,及一圈一圈地沿螺旋形流线落入灰斗内的情景。从旋风分离器出口排出的空气由于颗粒已被分离,故清洁无色。

上面的演示说明旋转运动能增大尘粒的沉降力,旋风分离器的旋转运动是靠切向进口和容器壁的作用产生的。若表演所用的煤粉粒径较大,由于惯性力的影响和截面积变大引起的速度变化,这些大煤粉颗粒会沉降下来,仅有小颗粒煤粉无法沉降而被带走。此现象说明,大颗粒是容易沉降的,所以工业上为了减少旋风分离器的磨损,先用其他更简单的方法将它预先除去。

五、思考题

1. 影响旋风分离器性能最主要的因素可归纳为哪两大类?为什么工业上广泛采用旋风分离器组操作?

2. 简述选择旋风分离器的主要依据。

实验六　　流化床干燥实验

一、实验目的

1. 了解流化床干燥设备的基本结构、工艺流程、工艺原理和操作方法。

2. 了解流态化及流化干燥的过程。

3. 学习测定物料在恒定干燥条件下干燥特性的实验方法。

4. 掌握根据实验干燥曲线求取干燥速率曲线以及恒速阶段干燥速率、临界含水量、平衡含水量的实验分析方法。

5. 实验研究干燥条件对于干燥过程特性的影响,并了解影响物料干燥速度的因素。

二、实验原理

当温度较高的气流同湿物料接触时,存在气固两相热量和质量传递的过程,即由于热气流与湿物料存在温度差,因此气流向湿物料传热,使物料表面水分汽化;又由于气流中水蒸气分压低于固体表面的水蒸气分压,所以水分由固体表面向气流传递,而固体内部的水分也以液态或水汽的形式扩散至固体物料的表面。由此分析可知,传热和传质是方向相反而又相互关联的两个过程。因此,过程的速度和限度,将同气流的状况(气流的温度,相对湿度,速度)和湿物料的性质与结构有关(即与水分同物料结合的方式有关)。

在设计干燥器的尺寸或确定干燥器的生产能力时,被干燥物料在给定干燥条件下的干燥速率、临界湿含量和平衡湿含量等干燥特性数据是最基本的技术依据参数。由于实际生产中被干燥物料的性质千变万化,因此对于大多数具体的被干燥物料而言,其干燥特性数据常常需要通过实验测定而取得。

按干燥过程中空气状态参数是否变化,可将干燥过程分为恒定干燥条件操作和非恒定干燥条件操作两大类。若用大量空气干燥少量物料,则可以认为湿空气在干燥过程中温度、湿度均不变,再加上气流速度以及气流与物料的接触方式不变,则称这种操作为恒定干燥条件下的干燥操作。

1. 干燥速率的定义

干燥速率定义为单位干燥面积(提供湿分汽化的面积)、单位时间内所除去的湿分质量,即:

$$U = \frac{\mathrm{d}W}{A\,\mathrm{d}\tau} = -\frac{G_C\,\mathrm{d}X}{A\,\mathrm{d}\tau} \quad [\text{单位}:\mathrm{kg}/(\mathrm{m^2 \cdot s})] \tag{5-1}$$

式中,U—干燥速率,又称干燥通量,$\mathrm{kg}/(\mathrm{m^2 \cdot s})$;

　　A—干燥表面积,$\mathrm{m^2}$;

　　W—汽化的湿分量,kg;

　　τ—干燥时间,s;

　　G_C—绝干物料的质量,kg;

　　X—物料湿含量,kg 湿分$/\mathrm{kg}$ 干物料,负号表示 X 随干燥时间的增加而减少。

为了方便起见,干燥速率也可按下式近似计算:

$$U = \Delta W / A\Delta\tau \quad [\text{单位}:\mathrm{kg}/(\mathrm{m^2 \cdot s})]$$

2. 干燥速率曲线

影响干燥速度的因素很多,它与物料及干燥介质(空气)的情况都有关系。在恒定干燥条件下(即维持空气的温度、湿度、速度及与物料接触方式恒定),对于同类物料,当厚度和形状一定时,U 仅是物料湿含量 X 的函数 $U=f(X)$,表示此函数的曲线称为干燥速率曲线。

3. 干燥速率的测定方法

方法一:

(1) 将电子天平开启,待用。

(2) 将快速水分测定仪开启,待用。

(3) 将 $0.5\sim1$ kg 的湿物料(如取 $0.5\sim1$ kg 的绿豆放入 $60\sim70\,℃$ 的热水中泡 30 分钟)取出,并用干毛巾吸干表面水分,待用。

(4) 开启风机,调节风量至 $40\sim60\,m^3/h$,打开加热器加热。待热风温度恒定后(通常可设定在 $70\sim80\,℃$),将湿物料加入流化床中,开始计时,每过 4 分钟取出 10 g 左右的物料,同时读取床层温度。将取出的湿物料在快速水分测定仪中测定,得初始质量 G_i 和终了质量 G_{iC}。则物料中瞬间含水率 X_i 为

$$X_i = \frac{G_i - G_{iC}}{G_{iC}} \tag{5-2}$$

方法二(数字化实验设备可用此法):

利用床层的压降来测定干燥过程的失水量。

(1) 将 $0.5\sim1$ kg 的湿物料(如取 $0.5\sim1$ kg 的绿豆放入 $60\sim70\,℃$ 的热水中泡 30 分钟)取出,并用干毛巾吸干表面水分,待用。

(2) 开启风机,调节风量至 $40\sim60\,m^3/h$,打开加热器加热。待热风温度恒定后(通常可设定在 $70\sim80\,℃$),将湿物料加入流化床中,开始计时,此时床层的压差将随时间减小,实验至床层压差(ΔP_e)恒定为止。则物料中瞬间含水率 X_i 为

$$X_i = \frac{\Delta P - \Delta P_e}{\Delta P_e} \tag{5-3}$$

式中,ΔP—时刻 τ 时床层的压差。

计算出每一时刻的瞬间含水率 X_i,然后将 X_i 对干燥时间 τ_i 作图,如图 5-14,即为干燥曲线。

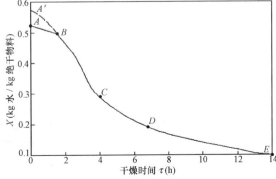

图 5-14 恒定干燥条件下的干燥曲线

　　上述干燥曲线还可以变换得到干燥速率曲线。由已测得的干燥曲线求出不同 X_i 下的斜率 $\dfrac{\mathrm{d}X_i}{\mathrm{d}\tau_i}$，再由式(5-1)计算得到干燥速率 U，将 U 对 X 作图，就是干燥速率曲线，如图 5-15 所示。

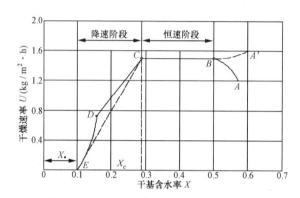

图 5-15　恒定干燥条件下的干燥速率曲线

　　将床层的温度对时间作图，可得床层的温度与干燥时间的关系曲线。

4. 干燥过程分析

　　预热段　见图 5-14，5-15 中的 AB 段或 $A'B$ 段。物料在预热段中，含水率略有下降，温度则升至湿球温度 t_w，干燥速率可能呈上升趋势变化，也可能呈下降趋势变化。预热段经历的时间很短，通常在干燥计算中忽略不计，有些干燥过程甚至没有预热段。

　　恒速干燥阶段　见图 5-14，5-15 中的 BC 段。该段物料水分不断汽化，含水率不断下降。但由于这一阶段去除的是物料表面附着的非结合水分，水分去除的机理与纯水的相同，故在恒定干燥条件下，物料表面始终保持为湿球温度 t_w，传质推动力保持不变，因而干燥速率也不变。于是，在图 5-15 中，BC 段为水平线。

　　只要物料表面保持足够湿润，物料的干燥过程中总处于恒速阶段。而该段的干燥速率大小取决于物料表面水分的汽化速率，亦即决定于物料外部的空气干燥条件，故该阶段又称为表面汽化控制阶段。

　　降速干燥阶段　随着干燥过程的进行，物料内部水分移动到表面的速度赶不上表面水分的汽化速率，物料表面局部出现"干区"。尽管这时物料其余表面的平衡蒸气压仍与纯水的饱和蒸气压相同，但以物料全部外表面计算的干燥速率因"干区"的出现而降低，此时物料中的含水率称为临界含水率，用 X_c 表示，对应图 5-15 中的 C 点，称为临界点。过 C 点以后，干燥速率逐渐降低至 D 点，C 至 D 阶段称为降速第一阶段。

　　干燥到点 D 时，物料全部表面都成为干区，汽化面逐渐向物料内部移动，汽化所需的热量必须通过已被干燥的固体层才能传递到汽化面；从物料中汽化的水分也必须通过这一干燥层才能传递到空气主流中。干燥速率因热、质传递的途径加长而下降。此外，在点 D 以后，物料中的非结合水分已被除尽。接下去所汽化的是各种形式的结合水，因而，平衡蒸气压将逐渐下降，传质推动力减小，干燥速率也随之较快降低，直至到达点 E 时，速率降为零。这一阶段称为降速第二阶段。

　　降速阶段干燥速率曲线的形状随物料内部的结构而异，不一定都呈现前面所述的曲

线 CDE 形状。对于某些多孔性物料,可能两个降速阶段的界限不是很明显,曲线好像只有 CD 段;对于某些无孔性吸水物料,汽化只在表面进行,干燥速率取决于固体内部水分的扩散速率,故降速阶段只有类似 DE 段的曲线。

与恒速阶段相比,降速阶段从物料中除去的水分量相对少许多,但所需的干燥时间却长得多。总之,降速阶段的干燥速率取决于物料本身结构、形状和尺寸,而与干燥介质状况关系不大,故降速阶段又称物料内部迁移控制阶段。

三、实验内容

1. 测定在干燥介质(空气)的状况不变时湿物料的干燥曲线和干燥速率曲线(也可以用两种物料做对比实验)。

2. 改变空气流的温度或速度,测定同一物料的干燥曲线和干燥速率曲线。

四、实验装置

1. 装置流程

本装置流程如图 5-16 所示。

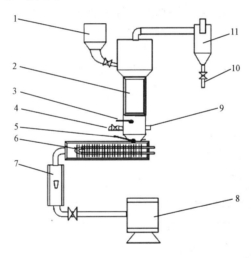

图 5-16 流化床干燥实验装置流程图

1—加料斗 2—床层(可视部分) 3—床层测温点 4—取样口 5—出加热器热风测温点
6—电加热器 7—转子流量计 8—风机 9—出风口 10—排灰口 11—旋风分离器

2. 主要设备及仪器

(1) 鼓风机:220 V,550 W,最大风量 95 m³/h,550 W;

(2) 电加热器:额定功率 2.0 kW;

(3) 干燥室:$\Phi100\,\text{mm}\times750\,\text{mm}$;

(4) 干燥物料:湿绿豆或耐水硅胶。

干燥实验装置如图 5-16 所示。空气通过风机输送,经转子流量计、电加热器进入干燥室。电加热器由继电器控制,使空气温度恒定。

本实验采用流化床干燥器由风机输送的空气流经转子流量计计量和电加热器预热

后,通过流化床的分布板与在床层中的颗粒状的湿物料进行流态化的接触和干燥,废气上升至干燥器顶部的旋风除尘器后放入空间。空气流的速度和温度,分别由阀门和热电偶温度计调节。

五、实验步骤与注意事项

1. 实验步骤

(1) 开启风机。

(2) 打开仪表控制柜电源开关,加热器通电加热,床层进口温度要求恒定在 70～80 ℃左右。

(3) 将准备好的耐水硅胶/绿豆加入流化床进行实验。

(4) 每隔 4 分钟取样 5～10 g 左右分析,同时记录床层温度。

(5) 待耐水硅胶/绿豆恒重时,即为实验终了,关闭仪表电源。

(6) 关闭加热电源。

(7) 关闭风机,切断总电源,清理实验设备。

2. 注意事项

必须先开风机,后开加热器,否则加热管可能会被烧坏,破坏实验装置。

六、实验报告

1. 计算物料湿含量和干燥速率,并附以计算示例。

2. 绘制干燥曲线(失水量-时间关系曲线),根据干燥曲线作干燥速率曲线,并注明干燥条件。

3. 读取物料的临界湿含量。

4. 绘制床层温度随时间变化的关系曲线。

5. 对实验结果进行分析讨论。

七、数据处理及计算结果

序号	湿试样质量 (g)	时间间隔 (s)	流量计读数 (mm)	风机出口温度 (℃)	干燥室前温度 (℃)	湿球温度 (℃)	干燥室后温度 (℃)	计算结果	
								干燥速率 (kg/m²·s)	湿料含水量 (kg/kg 绝干)
1									
2									
3									
4									
5									
6									
7									
8									
9									
10									
...									
...									
...									

八、思考题

1. 什么是恒定干燥条件？本实验装置中采用了哪些措施来保持干燥过程在恒定干燥条件下进行？

2. 测定物料的干燥速率曲线有何意义？它对设计干燥器及指导实际生产有何帮助？

3. 控制恒速干燥阶段速率的因素是什么？控制降速干燥阶段干燥速率的因素又是什么？

4. 为什么要先启动风机，再启动加热器？实验过程中床层温度如何变化，为什么？如何判断实验已经结束？

5. 若加大热空气流量，干燥速率曲线有何变化？恒速干燥速率、临界湿含量又如何变化？为什么？

6. 湿物料在 70～80 ℃的空气流中经过相当长的时间干燥，能否得到绝对干料？

实验七　板式塔流体力学演示实验

一、实验目的

1. 观察板式塔各类型塔板(筛孔、泡罩、浮阀)的结构。

2. 了解气液两相在全塔和各塔板上的流动与接触情况。

3. 研究板式塔的极限操作状态,确定各塔板的漏液点和液泛点,并对漏液、过量液沫夹带、液泛等操作极限,建立直观的感性认识。

4. 塔体进气位置可调,可验证不同塔板的泛塔气速。

二、实验原理

板式塔是一种应用广泛的气液两相接触并进行传热、传质的塔设备,可用于吸收(解吸)、精馏和萃取等化工单元操作。与填料塔不同,板式塔属于分段接触式气液传质设备,塔板上气液接触的良好与否和塔板结构及气液两相相对流动情况有关,后者即是本实验研究的流体力学性能。

1. 塔板的组成

各种塔板板面大致可分为三个区域,即溢流区、鼓泡区和无效区(图 5-17)。

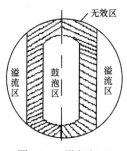

图 5-17　塔板板面

降液管所占的部分称为溢流区。降液管的作用除使液体下流外,还须使泡沫中的气体在降液管中得到分离,不至于使气泡带入下一塔板而影响传质效率。因此,液体在降液管中应有足够的停留时间使气体得以解脱,一般要求停留时间大于 3～5 秒。一般溢流区所占总面积不超过塔板总面积的 25%,对液量很大的情况,可超过此值。

塔板开孔部分称为鼓泡区,即气液两相传质的场所,也是区别各种不同塔板的依据。

而图 5-16 阴影部分则为无效区,因为在液体进口处液体容易自板上孔中漏下,故设一传质无效的不开孔区,称为进口安定区,而在出口处,由于进降液管的泡沫较多,也应设定不开孔区来破除一部分泡沫,又称泡沫区。

2. 常用塔板类型

泡罩塔　这是最早应用于生产上的塔板之一,因其操作性能稳定,故一直到 20 世纪 40 年代还在板式塔中占绝对优势。后来逐渐被其他塔板代替,但至今仍占有一定地位。

泡罩塔特别适用于容易堵塞的物系。

泡罩塔板见图5-18(a),塔板上装有许多升气管,每根升气管上覆盖着一只泡罩(多为圆形,也可以是条形或是其他形状)。泡罩下边缘或开齿缝或不开齿缝,操作时气体从升气管上升再经泡罩塔与升气管的环隙,然后从泡罩下边缘或经齿缝排出进入液层。

泡罩塔板操作稳定,传质效率(对塔板而言称为塔板效率)也较高。但有不少缺点:结构复杂、造价高、塔板阻力大。液体通过塔板的液面落差较大,因而易使气流分布不均,造成气液接触不良。

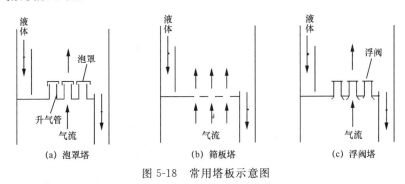

图 5-18 常用塔板示意图

筛板塔 筛板塔也是最早出现的塔板之一。从图5-18(b)可知,筛板就是在板上打很多筛孔,操作时气体直接穿过筛孔进入液层。这种塔板早期一直被认为很难操作,只要气流发生波动,液体就不从降液管下来,而是从筛孔中大量漏下,于是操作也就被破坏。直到1949年以后才又对筛板进行试验,掌握了规律,发现能稳定操作。目前它在国内外已大量应用,特别在美国其应用比例大于下面介绍的浮阀塔板。

筛板塔的优点是构造简单、造价低,此外也能稳定操作,板效率也较高。缺点是小孔易堵(近年来发展了大孔径筛板,以适应大塔径、易堵塞物料的需要),操作弹性和板效率比下面介绍的浮阀塔板略差。

浮阀塔 这种塔板见图5-18(c),是在20世纪40～50年代才发展起来的,现在使用很广。在国内浮阀塔的应用占有重要地位,普遍获得好评。其特点是当气流在较大范围内波动时均能稳定地操作,弹性大,效率好,适应性强。

浮阀塔结构特点是将浮阀装在塔板上的孔中,能自由地上下浮动,随气速的不同,浮阀打开的程度也不同。

3. 板式塔的操作

塔板的操作上限与操作下限之比称为操作弹性,即最大气量与最小气量之比或最大液量与最小液量之比。操作弹性是塔板的一个重要特性。操作弹性大,则该塔稳定操作范围大,这是我们所希望的。

为了使塔板在稳定范围内操作,必须了解板式塔的几个极限操作状态。在本演示实验中,主要观察研究各塔板的漏液点和液泛点,也即塔板的操作上、下限。

在正常操作的塔板上,液体横向流过塔板,然后通过降液管流下。但若气体通过塔板的速度减小,上升气体通过孔道的动压不足以克服板上液体的重力时,液体从塔板上的开孔处往下漏,称漏液。这样就会降低塔板的传质效率。因此,一般要求塔板应在不漏液的情况下操作。所谓"漏液点",是指刚使液体不从塔板上泄漏时的气速,也称为最小气速。

漏液现象可对塔板造成一定的影响,漏液严重时,塔板上建立不起液层,从而使气液不能充分接触,进而使塔板效率降低。因此,应限制漏液量,要求不大于液体流量的10%。此时的气速为漏液速度,它是塔操作的下限速度。气流的速度往往是影响漏液的主要因素,气速太小,容易出现漏液;塔板上液面落差也可导致气流分布不均,从而使入口处的厚液层易出现漏液(为此,塔板上设置安定区)。

正常操作时,降液管中有一足够的液体高度,以克服两板间由气体压差造成的压降,使液体能够自上而下流动,如图 5-19 所示。

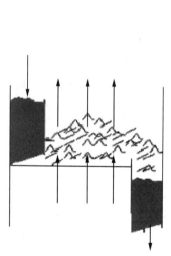   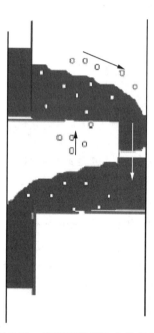

图 5-19 塔板上的气液接触现象   图 5-20 塔板间的雾沫夹带现象

但是,当气速逐渐增大,使塔板处于泡沫状态或喷射状态时,液体被吹散成液滴而被抛到一定的高度(图 5-20),其中某些液滴被带到上一层塔板,该现象称为雾沫夹带。雾沫夹带造成的影响,可使液相在塔板间返混,进而使塔板效率降低,因此,应限制雾沫夹带。而影响雾沫夹带量的因素主要是空塔气速增大,塔板间距就相应降低,可使雾沫夹带量增多。

但若气相的流量致使塔板压降升高,从而导致降液管内液体流动不畅;或液相的流量继续增大,致使降液管内截面不能满足该液体顺利流过时,将导致管内液体积累,从而必然使降液管内液体不断增高,最终使整个板间充满液体,塔操作被严重破坏,这种现象即为液泛(淹塔)。

一般,气速增大有利于形成湍动的泡沫层,致使传质速率升高。但显然不能超过液泛时的气速。因此,液泛时的气速应为塔操作的上限速度。此外,板间距的增大可提高液泛速度。

现以筛板塔为例来说明板式塔的操作原理。如图 5-21,上一层塔板上的液体由降液管流至塔板上,并经过板上由另一降液管流至下一层塔板上。而下一层板上升的气体(或蒸汽)经塔板上的筛孔,以鼓泡的形式穿过塔板上的液体层,并在此进行气液接触传质。离开液层的气体继续升至上一层塔板,再次进行气液接触传质。由此经过若干层塔板,由塔板结构和气液两相流量而定。在塔板结构和液量已定的情况下,鼓泡层高度随气速而变。通常在塔板以上形成三种不同状态的区间,靠近塔板的液层底部属鼓泡区,如图 5-21 中 1;在液层表面属泡沫区,如图中 2;在液层上方空间属雾沫区,如图中 3。

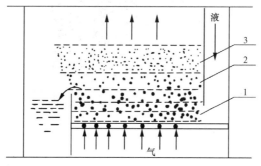

图 5-21　筛板塔操作简图

这三种状态都能起气液接触传质作用,其中泡沫状态的传质效果尤为良好。当气速不很大时,塔板上以鼓泡区为主,传质效果不够理想。随着气速增大到一定值,泡沫区增加,传质效果显著改善,相应的雾沫夹带虽有增加,但还不至于影响传质效果。如果气速超过一定范围,则雾沫区显著增大,雾沫夹带过量,严重影响传质效果。为此,在板式塔中必须在适宜的液体流量和气速下操作,才能达到良好的传质效果。

三、实验内容

1. 用水和空气进行冷膜实验,观察正常操作时,气液两相的流动与接触情况。
2. 通过调节气速和液速,观察几种操作极限下,气液两相的流动与接触情况。

四、实验装置

本实验的装置是 BT100Y 型板式塔设备,共有三套不同塔板类型的塔,分别为筛板塔、泡罩塔、浮阀塔。主体是由直径 200mm、板间距 300mm 的四个有机玻璃塔节与两个封头组成的塔体,配以风机,水泵和气、液转子流量计及相应的管线、阀门等部件构成。塔体内由上而下安装四块塔板,分别为有降液管的筛孔板、浮阀塔板、泡罩塔板、无降液管的筛孔板,降液管均为内径 25mm 的有机圆柱管。实物图如图 5-22,流程示意如图5-23。

图 5-22   BT100Y 型板式塔流体力学演示实验装置

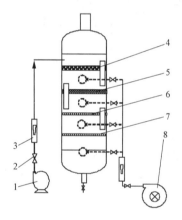

图 5-23   塔板流体力学演示实验流程
1—增压水泵   2—调节阀   3—转子流量计   4—有降液管的筛孔板
5—浮阀塔板   6—泡罩塔板   7—无降液管的筛孔板   8—风机

五、实验步骤

1. 开启风机,用转子流量计调节气流速度。

2. 开启循环水泵,用转子流量计调节液体流量。

3. 选择合适的水流量后,依次由小到大调节气速,并观察相应的实验现象(包括漏液、正常操作、过量液沫夹带、液泛)。

4. 改变水流量,重复 3 的操作。

六、实验数据记录及处理

实验装置型号：　　　　　　　　生产厂家：

室温：　　　　℃　　　　　　　实验日期：　　　　　仪器运行状况：

塔板类型	液体流速＿＿＿＿＿L/h			液体流速＿＿＿＿＿L/h			液体流速＿＿＿＿＿L/h		
	上限	下限	操作弹性	上限	下限	操作弹性	上限	下限	操作弹性
筛孔塔板（有降液管）									
泡罩塔板									
浮阀塔板									
筛孔塔板（无降液管）									

七、思考题

1. 水流量过小或过大对实验现象有何影响？

2. 是否可用增大气速的方式完全防止漏液？这样做会带来什么后果？

3. 液泛严重时将会出现什么现象？

实验八　气-气列管换热器实验

一、实验目的

1. 了解列管式换热器的结构,掌握其基本操作方法。
2. 掌握列管式换热器的主要性能指标的测定方法。
3. 测定总传热系数,并考察流体流速对总传热系数的影响。
4. 比较并流流动传热和逆流流动传热的特点。

二、实验原理

在工业生产过程中,大量情况下,冷、热流体系通过固体壁面(传热元件)进行热量交换,称为间壁式传热。如图 5-24 所示,间壁式传热过程由热流体对固体壁面的对流传热、固体壁面的热传导和固体壁面对冷流体的对流传热所组成。传热过程的基本数学描述是传热速率方程式和热量衡算式。

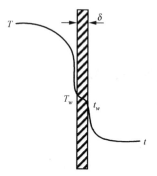

图 5-24　间壁式传热过程示意图

1. 传热基本方程式

传热密度 q 是反映具体传热过程速率大小的特征量。对 q 的计算,需要引入壁面温度,而在实际计算时,壁温往往是未知的。为实用方便,希望能避开壁温测量,直接根据冷、热流体的温度进行传热速率的计算。

在间壁式换热器中,热量序贯地由热流体传给壁面左侧,再由壁面左侧传导至壁面右侧,再由壁面右侧传给冷流体。在定态条件下,忽略壁面内外表面的差异,则各环节的热流密度 q 相等,即 $q=Q/A$。

2. 热量衡算方程式

达到传热稳定时,忽略热量损失,有

$$Q = m_1 C_{p1}(T_1 - T_2) = m_2 C_{p2}(t_2 - t_1) = KA\Delta t_m \tag{5-4}$$

式中,Q—传热量,J/s;

m_1—热流体的质量流率,kg/s;

C_{p1}—热流体的比热,J/(kg·℃);

T_1—热流体的进口温度,℃;

T_2—热流体的出口温度,℃;

m_2—冷流体的质量流率,kg/s;

C_{p2}—冷流体的比热,J/(kg·℃);

t_1—冷流体的进口温度,℃;

t_2—冷流体的出口温度,℃;

K—以传热面积 A 为基准的总给热系数,W/(m²·℃);

Δt_m—冷、热流体的对数平均温差,℃。

热、冷流体间的对数平均温差可由下式计算:

$$\Delta t_m = \frac{(T_1 - t_2) - (T_2 - t_1)}{\ln \dfrac{T_1 - t_2}{T_2 - t_1}} \tag{5-5}$$

列管换热器的换热面积可由下式算得:

$$A = n\pi dL \tag{5-6}$$

式中, d —列管直径(因本实验为冷热气体强制对流换热,故各列管本身的导热忽略,所以 d 取列管内径);

   L —列管长度;

   n —列管根数。

以上参数取决于列管的设计。

由此可得换热器的总给热系数

$$K = \frac{Q}{A\Delta t_m} \tag{5-7}$$

在本实验装置中,为了尽可能提高换热效率,采用热流体走管内、冷流体走管间的形式,但是热流体热量仍会有部分损失,所以 Q 应以冷流体实际获得的热能测算,即

$$Q = \rho_2 V_2 C_{p2}(t_2 - t_1) \tag{5-8}$$

则冷流体质量流率 m_2 已经转换为密度和体积等可测算的量,其中 V_2 为冷流体的进口体积流量,所以 ρ_2 也应取冷流体的进口密度,即需根据冷流体的进口温度(而非定性温度)查表确定。

除查表外,对于在 0~100 ℃之间空气的各物性与温度的关系有如下拟合公式:

(1) 空气的密度与温度的关系式:

$$\rho = 10^{-5}t^2 - 4.5 \times 10^{-3}t + 1.2916$$

(2) 空气的比热与温度的关系式:

60 ℃以下, $C_p = 1005 \text{ J/(kg · ℃)}$;

70 ℃以上, $C_p = 1009 \text{ J/(kg · ℃)}$。

3. 传热过程的调节

在换热器中若热流体的体积流量 V_1 或进口温度 T_1 发生变化,而要求出口温度 T_2 保持原来数值不变,可通过调节冷流体的流量来达到目的。但是,这种调节作用不能单纯地从热量衡算的观点理解为,冷流体的流量大则带走的热量多,流量小带走的热量小。根据传热基本方程式,正确的理解是,冷却介质流量的调节,改变了换热器内传热过程的速率。传热速率的改变,可能来自 Δt_m 的变化,也可能来自 K 的变化,而多数是由两者共同引起的。

三、实验内容

1. 用空气做流体,固定热流体流量,观察逆流状态下不同冷流体流量下,冷热流体进出口温度变化情况,以及对应的计算出的总传热系数 K 的变化情况。

2. 用空气做流体,固定热流体流量,观察并流状态下不同冷流体流量下,冷热流体进出口温度变化情况,以及对应的计算出的总传热系数 K 的变化情况。

四、实验装置与流程

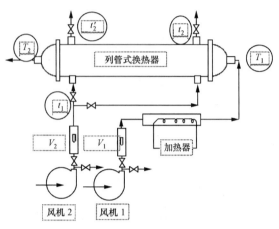

图 5-25　气–气列管换热实验装置

表 5-3　气–气列管换热实验装置中对应符号解释

名　称	符　号	单　位	备　注
冷流体进口温度	t_1	℃	
逆流出口温度	t_2	℃	
并流出口温度	t_2'	℃	热流体走管内,冷流体走管间。列管规格 $\Phi25\,mm\times2\,mm$,即内径 21 mm,
热流体进口温度	T_1	℃	共 7 根列管,长 1 m,则换热面积共
热流体出口温度	T_2	℃	0.462 m^2
热风流量	V_1	m^3/h	
冷风流量	V_2	m^3/h	

　　本装置采用冷空气与热空气体系进行对流换热。热流体由风机 1 吸入经流量计 V_1 计量后,进入加热管预热,温度测定后进入列管换热器管内,出口也经温度测定后直接排出。冷流体由风机 2 吸入经流量计 V_2 计量后,由温度计测定其进口温度,并由闸阀选择逆流或并流传热形式。即:图 5-25 中,冷风左侧进口阀打开即为逆着热风的流向,相应地也应打开对角处的逆流出口阀,这就是逆流换热的流程;类似的,将冷风右侧进口阀打开即为并着热风的流向,打开对角的冷流体并流出口阀,这就是并流换热的流程。冷热流体的流量可由各自风机的旁路阀调节。

五、实验步骤

　　1. 打开总电源开关、仪表开关,待各仪表温度自检显示正常后进行下步操作。

　　2. 打开热流体风机的出口旁路,启动热流体风机,再调节旁路阀门到适合的实验流量。(一般取热流体流量 60～80 m^3/h,整个实验过程中保持恒定。)

　　3. 开启加热开关,调节旋钮,使加热电压到一恒定值。(例如在室温 20 ℃ 左右,热流体风量 70 m^3/h,一般调加热电压 150 V,经约 30 分钟后,热流体进口温度可恒定在 82 ℃ 左右。)

4. 待热流体在恒定流量下的进口温度相对不变后,可先打开冷流体风机的出口旁路,启动冷流体风机。

5. 若选择逆流换热过程,则将控制面板上温度切换显示开关调至逆流状态,打开冷流体进出管路上对应逆流流程的两个阀门。

6. 然后以冷流体流量作为实验的主变量,调节风机旁路,从 $20\sim80$ m³/h 流量范围内,选取 $5\sim6$ 个点作为工作点进行实验数据的测定。

7. 待某一流量下的热流体和逆流的冷流体换热的四个温度相对恒定后,可认为换热过程基本平衡了,抄录冷热流体的流量和温度,即完成逆流换热下一组数据的测定。之后,改变一个冷流体的风量,再待换热平衡抄录又一组实验数据。

8. 同理,可进行冷热流体的并流换热实验。注意:热流体流量在整个实验过程中最好保持不变,冷流体每次的进口温度会随风机发热情况不同,但在一次换热过程中,必须待热流体进出口温度相对恒定后,方可认为换热过程平衡。

9. 实验结束,应先调节变压器电压至 0 V,关闭加热电闸开关;继续通空气,待各温度显示至室温左右,再关闭风机和其他电源。

六、实验数据记录及处理

实验装置型号：   生产厂家：

热流体流量：   L/h   实验日期：   仪器运行状况：

流动状态	V_2(L/h)	T_1(℃)	T_2(℃)	t_1(℃)	t_2(℃)	K(J/m²·℃)
逆流						
并流						

七、思考题

1. 对壳管式换热器来说,两种流体在下列情况下,何种走管内,何种走管外?
(1) 清洁与不清洁的   (2) 腐蚀性大与小的   (3) 温度高与低的
(4) 压力大与小的   (5) 流量大与小的   (6) 粘度大与小的

2. 写出热量衡算式,并据此分析影响传热系数的因素有哪些。

实验九　　多釜串联实验
——串联流动反应器停留时间分布的测定

一、实验目的

1. 通过实验了解：利用电导率测定停留时间分布的基本原理和实验方法。
2. 掌握停留时间分布的统计特征值的计算方法。
3. 学会用理想反应器串联模型来描述实验系统的流动特性。
4. 了解停留时间分布密度函数与多釜串联流动模型的关系。
5. 了解多釜串联模型中模型参数 N 的物理意义和微机系统数据采集的方法。

二、实验原理

多釜串联实验是测定釜式反应器中物料返混情况的一个实验，返混程度的大小通常利用物料停留时间分布的测定来研究。但是，返混与停留时间分布两者不存在一一对应的关系，因此，不能直接把测定的停留时间分布用于描述微团间充分混合系统的返混程度，而要借助于符合实际流动模型的方法。

本实验停留时间分布测定所采用的主要是示踪响应法。它的原理是：在反应器入口用电磁阀控制的方式加入一定量的示踪剂 KCl，通过电导率仪测量反应器出口处水溶液电导率的变化，以测定示踪剂浓度随时间的变化曲线，间接地描述反应器流体的停留时间，再通过数据处理证明返混对釜式反应器的影响，并能通过计算机得到停留时间分布密度函数和多釜串联流动模型的关系。

常用的示踪剂加入方式有脉冲输入、阶跃输入和周期输入等。本实验选用脉冲输入法。脉冲输入法是在较短的时间（$0.1\sim1.0$ 秒）内，向设备内一次注入一定量的示踪剂，同时开始计时并不断分析出口示踪物料的浓度 $c(t)$ 随时间的变化。由概率论知识，概率分布密度 $E(t)$ 就是系统的停留时间分布密度函数。因此，$E(t)\mathrm{d}t$ 就代表了流体粒子在反应器内停留时间介于 t 与 $t+\mathrm{d}t$ 间的概率。

在反应器出口处测得的示踪计浓度 $c(t)$ 与时间 t 的关系曲线叫响应曲线。由响应曲线可以计算出 $E(t)$ 与时间 t 的关系，并绘出 $E(t)$-t 关系曲线。计算方法是对反应器作示踪剂的物料衡算，即

$$Qc(t)\mathrm{d}t = mE(t)\mathrm{d}t \tag{5-9}$$

式中 Q 表示主流体的流量，m 为示踪剂的加入量。示踪剂的加入量可以用下式计算：

$$m = \int_0^\infty Qc(t)\mathrm{d}t \tag{5-10}$$

在 Q 值不变的情况下，由(5-9)式和(5-10)式求出

$$E(t) = \frac{c(t)}{\int_0^\infty c(t)\mathrm{d}t} \tag{5-11}$$

关于停留时间分布的另一个统计函数是停留时间分布函数 $F(t)$，即

$$F(t) = \int_0^\infty E(t)\,dt \tag{5-12}$$

用停留时间分布密度函数 $E(t)$ 和停留时间分布函数 $F(t)$ 来描述系统的停留时间，给出了很好的统计分布规律。但是，为了比较不同停留时间分布之间的差异，还需引进两个统计特征，即数学期望和方差。

数学期望对停留时间分布而言就是平均停留时间 $\bar{t}$，即

$$\bar{t} = \frac{\int_0^\infty tE(t)\,dt}{\int_0^\infty E(t)\,dt} = \int_0^\infty tE(t)\,dt \tag{5-13}$$

方差是和理想反应器模型关系密切的参数。它的定义是

$$\sigma_t^2 = \int_0^\infty t^2 E(t)\,dt - \overline{t^2} \tag{5-14}$$

于是，对于理想流动反应器而言，有活塞流反应器 $\sigma_t^2 = 0$，全混流反应器 $\sigma_t^2 = \overline{t^2}$。而对于多釜串联非理想流动反应器，需要通过实验数据对 σ_t^2 进行计算。那么，对于某一非理想流动反应器在停留时间分布上究竟与多少个釜串联，有如下计算公式：

$$N = \frac{\overline{t^2}}{\sigma_t^2} \tag{5-15}$$

当 N 为整数时，代表该非理想流动反应器可用 N 个等体积的全混流反应器的串联来建立模型；当 N 为非整数时，可以用四舍五入的方法近似处理，也可以用不等体积的全混流反应器串联模型。

三、实验装置

实验所用的反应器由三个有机玻璃制成的搅拌釜串联系统组成，三釜串联反应器中每个釜的有效容积为 1000 mL，搅拌方式为叶轮搅拌。实验时，水经转子流量计流入整个串联系统，待系统稳定后，在串联系统的第一只反应釜的进口通过一个电磁阀瞬时向反应器注入示踪剂，并通过安装在每个反应釜出口处的电导率仪测试示踪剂饱和 KCl 溶液在不同时刻浓度 $c(t)$ 的变化情况，通过记录仪连续记录下来。

图 5-26　多釜串联实验装置图

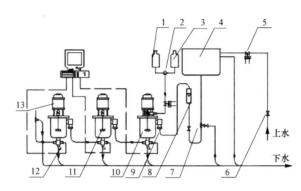

图 5-27　多釜串联实验流程图

1—水　2—三通阀　3—KCl 溶液　4—水槽　5—电磁阀　6—截止阀　7—三通　8—流量计
9—电导电极　10—釜　11—螺旋桨搅拌器　12—排放阀　13—搅拌马达

图 5-28　数据采集原理方框图

电导率仪的传感为铂电极,当含有 KCl 的水溶液通过安装在釜内液相出口处铂电极时,电导率仪将浓度 $c(t)$ 转化为毫伏级的直流电压信号,该信号经放大器与 A/D 转化卡处理后,由模拟信号转换为数字信号。该代表浓度 $c(t)$ 的数字信号在微机内用预先输入的程序进行数据处理,并计算出每釜平均停留时间和方差以及 N 后,由打印机输出。

实验仪器:

反应器为有机玻璃制成的搅拌釜(1000 mL)	3 个
D-7401 型电动搅拌器	3 个
DDS-11C 型电导率仪	3 个
LZB 型转子流量计(DN＝10 mm,L＝10～100 L/h)	1 个
DF2-3 电磁阀(PN 0.8 MPa,220 V)	1 个
压力表(量程 0～1.6 MPa,精度 1.5 级)	3 个
数据采集与 A/D 转换系统	1 套
控制与数据处理微型计算机	1 台
打印机	1 台

实验试剂:主流体　　示踪剂　　KCl 饱和溶液　　自来水

四、实验步骤

(1)打开系统电源,使电导率仪预热一个小时。

(2)打开自来水阀门向储水槽进水,开动水泵,调节转子流量计的流量,待各釜内充满水后将流量调至 30 L/h,打开各釜放空阀,排净反应器内残留的空气。

(3)将预先配制好的饱和 KCl 溶液加入示踪剂瓶内,注意将瓶口小孔与大气连通。实验过程中,根据实验项目(单釜或三釜)将指针阀转向对应的实验釜。

(4)观察各釜的电导率值,并逐个调零和满量程,各釜所测定值应基本相同。

　（5）启动计算机数据采集系统,使其处于正常工作状态。

　（6）键入实验条件:将进水流量输入微机内,可供实验报告生成。

　（7）在同一个水流量条件下,分别进行2个搅拌转速的数据采集;也可以在相同转速下改变液体流量,依次完成所有条件下的数据采集。

　（8）选择进样时间为0.1～1.0秒,按"开始"键自动进行数据采集,每次采集时间约需35～40分钟。结束时按"停止"键,并立即按"保存数据"键存储数据。

　（9）打开"历史记录",选择相应的保存文件进行数据处理,实验结果可保存或打印。

　（10）结束实验:先关闭自来水阀门,再依次关闭水泵和搅拌器、电导率仪、总电源,最后关闭计算机。将仪器复原。

五、实验数据处理

　1. 由记录仪上记录的 $c(t)$-t 关系曲线,首先求出不同时刻的 $E(t)$ 值,然后求出平均停留时间 $\bar{t}$ 和方差 σ_t^2,最后求出多釜串联模型参数 N。

　2. 分析不同操作条件下模型参数 N 值的变化规律。

六、思考题

　1. 既然反应器的个数是3个,模型参数 N 又代表全混流反应器的个数,那么 N 就应该是3。若不是,为什么?

　2. 全混流反应器具有什么特征? 如何利用实验方法判断搅拌釜是否达到全混流反应器的模型要求? 如果尚未达到,如何调整实验条件使其接近这一理想模型?

　3. 测定釜中停留时间的意义何在?

　4. 什么是示踪剂? 对示踪剂有哪些要求? 在反应器入口处注入示踪剂时的注意事项有哪些?

　5. 模型参数 N 与实验中测得的 N 有什么不同,为什么?

实验十 填料塔吸收传质系数的测定

一、实验目的

1. 了解填料塔吸收装置的基本结构及流程。
2. 掌握总体积传质系数的测定方法。
3. 了解气相色谱仪和六通阀的使用方法。

二、实验原理

气体吸收是典型的传质过程之一。由于 CO_2 气体无味、无毒、廉价,所以气体吸收实验常选择 CO_2 作为溶质组分。本实验采用水吸收空气中的 CO_2 组分。一般 CO_2 在水中的溶解度很小,即使预先将一定量的 CO_2 气体通入空气中混合以提高空气中的 CO_2 浓度,水中的 CO_2 含量仍然很低。所以,吸收的计算方法可按低浓度来处理,并且此体系 CO_2 气体的解吸过程属于液膜控制。因此,本实验主要测定 K_{xa} 和 H_{OL}。

1. 计算公式

填料层高度 Z 为

$$Z = \int_0^Z \mathrm{d}Z = \frac{L}{K_{xa}} \int_{x_2}^{x_1} \frac{\mathrm{d}x}{x - x^*} = H_{OL} \cdot N_{OL}$$

式中,L—液体通过塔截面的摩尔流量,$kmol/(m^2 \cdot s)$;

K_{xa}—以 ΔX 为推动力的液相总体积传质系数,$kmol/(m^3 \cdot s)$;

x—塔任一截面处气体的摩尔分数;

H_{OL}—液相总传质单元高度,m;

N_{OL}—液相总传质单元数,无量纲。

令吸收因数 $A = L/mG$,则

$$N_{OL} = \frac{1}{1-A} \ln \left[(1-A) \frac{y_1 - mx_2}{y_1 - mx_1} + A \right]$$

2. 测定方法

(1) 空气流量和水流量的测定:本实验采用转子流量计测得空气和水的流量,并根据实验条件(温度和压力)和有关公式换算成空气和水的摩尔流量。

(2) 测定填料层高度 Z 和塔径 D。

(3) 测定塔顶和塔底气相组成 y_1 和 y_2。

(4) 平衡关系:本实验的平衡关系可写成

$$y = mx$$

式中,m—相平衡常数,$m = E/P$;

E—亨利系数,$E = f(t)$,单位 Pa,根据液相温度由附录查得;

P—总压,单位 Pa,一般取 1 atm。

对清水而言,$x_2 = 0$,由全塔物料衡算

$$G(y_1 - y_2) = L(x_1 - x_2)$$

可得 x_1。

三、实验装置

1. 装置流程

本实验装置流程(图 5-29):由自来水源来的水送入填料塔塔顶,经喷头喷淋在填料顶层。由风机送来的空气和由二氧化碳钢瓶来的二氧化碳混合后,一起进入气体混合罐,然后再进入塔底,与水在塔内进行逆流接触,进行质量和热量的交换,由塔顶出来的尾气放空。由于本实验为低浓度气体的吸收,所以热量交换可忽略,整个实验过程可看成是等温操作。

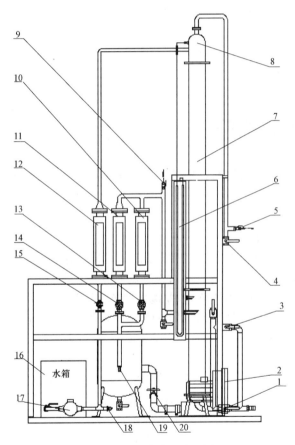

图 5-29 吸收装置流程图

1—液体出口阀 1 2—风机 3—液体出口阀 2 4—气体出口阀 5—出塔气体取样口 6—U 形压差计 7—填料层 8—塔顶预分离器 9—进塔气体取样口 10—气体小流量玻璃转子流量计(0.4～4 m³/h) 11—气体大流量玻璃转子流量计(2.5～25 m³/h) 12—液体玻璃转子流量计(100～1000 L/h) 13—气体进口闸阀 V1 14—气体进口闸阀 V2 15—液体进口闸阀 V3 16—水箱 17—水泵 18—液体进口温度检测点 19—混合气体温度检测点 20—风机旁路阀

2. 主要设备

(1) 吸收塔:高效填料塔,塔径 100 mm,塔内装有金属丝网波纹规整填料或 θ 环散装填料,填料层总高度 2000 mm。塔顶有液体初始分布器,塔中部有液体再分布器,塔底部有栅板式填料支承装置。填料塔底部有液封装置,以避免气体泄漏。

(2)填料规格和特性:金属丝网波纹规整填料,型号 JWB-700Y,规格 $\Phi100\ mm\times100\ mm$,比表面积 $700\ m^2/m^3$。

(3)转子流量计:

介 质	条 件			
	常用流量	最小刻度	标定介质	标定条件
空气	$4\ m^3/h$	$0.5\ m^3/h$	空气	$20\ ℃\quad 1.0133\times10^5\ Pa$
CO_2	$2\ L/min$	$0.2\ L/min$	CO_2	$20\ ℃\quad 1.0133\times10^5\ Pa$
水	$600\ L/h$	$20\ L/h$	水	$20\ ℃\quad 1.0133\times10^5\ Pa$

在本实验中提供了两种不同量程的玻璃转子流量计,使得气体的流量测量范围变大,实验更加准确。

(4)空气风机型号:旋涡式气机。

(5)二氧化碳钢瓶。

(6)气相色谱分析仪。

四、实验步骤与注意事项

1. 实验步骤

(1)熟悉实验流程,弄清气相色谱仪及其配套仪器结构、原理、使用方法和注意事项。

(2)打开混合罐底部排空阀,排放掉空气混合储罐中的冷凝水。

(3)打开仪表电源开关及空气压缩机电源开关,进行仪表自检。

(4)开启进水阀门,让水进入填料塔润湿填料,仔细调节液体转子流量计,使其流量稳定在某一实验值。(塔底液封控制:仔细调节液体出口阀的开度,使塔底液位缓慢地在一段区间内变化,以免塔底液封过高溢满或过低而泄气。)

(5)启动风机,打开 CO_2 钢瓶总阀,并缓慢调节钢瓶的减压阀。

(6)仔细调节风机旁路阀门的开度(并调节 CO_2,以调节转子流量计的流量,使其稳定在某一值);建议气体流量 $3\sim5\ m^3/h$,液体流量 $0.6\sim0.8\ m^3/h$,CO_2 流量 $2\sim3\ L/min$。

(7)待塔操作稳定后,读取各流量计的读数,通过温度、压差计、压力表读取各温度、塔顶塔底压差读数。通过六通阀在线进样,利用气相色谱仪分析出塔顶、塔底气体组成。

(8)实验完毕,关闭 CO_2 钢瓶和转子流量计、水转子流量计、风机出口阀门,再关闭进水阀门及风机电源开关(实验完成后一般先停止水的流量,再停止气体的流量,这样做的目的是防止液体从进气口倒压破坏管路及仪器)。清理实验仪器和实验场地。

2. 注意事项

(1)固定好操作点后,应随时注意调整以保持各量不变。

(2)在填料塔操作条件改变后,需要有较长的稳定时间,一定要等到稳定以后方能读取有关数据。

五、实验报告

1. 将原始数据列表。

2. 在双对数坐标纸上绘图表示二氧化碳解吸时体积传质系数、传质单元高度与气体流量的关系。

3. 列出实验结果与计算示例。

六、思考题

1. 本实验中，为什么塔底要有液封？液封高度如何计算？

2. 测定 K_{xa} 有什么工程意义？

3. 为什么二氧化碳吸收过程属于液膜控制？

4. 当气体温度和液体温度不同时，应用什么温度计算亨利系数？

附录

若干气体在水中的亨利系数 E

气体	$(E \times 10^6)/(kPa)$															
	0	5	10	15	20	25	30	35	40	45	50	60	70	80	90	100
H_2	5.87	6.16	6.44	6.70	6.92	7.16	7.39	7.52	7.61	7.70	7.75	7.75	7.71	7.65	7.61	7.55
N_2	5.35	6.05	6.77	7.48	8.15	8.76	9.36	9.98	10.5	11.0	11.4	12.2	12.7	12.8	12.8	12.8
空气	4.38	4.94	5.56	6.15	6.73	7.30	7.81	8.34	8.82	9.23	9.59	10.2	10.6	10.8	10.9	10.8
CO	3.57	4.01	4.48	4.95	5.43	5.88	6.28	6.68	7.05	7.39	7.71	8.32	8.57	8.57	8.57	8.57
O_2	2.58	2.95	3.31	3.69	4.06	4.44	4.81	5.14	5.42	5.70	5.96	6.37	6.72	6.96	7.08	7.10
CH_4	2.27	2.62	3.01	3.41	3.81	4.18	4.55	4.92	5.27	5.58	5.85	6.34	6.75	6.91	7.01	7.10
NO	1.71	1.96	2.21	2.45	2.67	2.91	3.14	3.35	3.57	3.77	3.95	4.24	4.44	4.45	4.58	4.60
C_2H_6	1.28	1.57	1.92	2.90	2.66	3.06	3.47	3.88	4.29	4.69	5.07	5.72	6.31	6.70	6.96	7.01
	$(E \times 10^5)/(kPa)$															
C_2H_4	5.59	6.62	7.78	9.07	10.3	11.6	12.9	—	—	—	—	—	—	—	—	—
N_2O	—	1.19	1.43	1.68	2.01	2.28	2.62	3.06	—	—	—	—	—	—	—	—
CO_2	0.378	0.8	1.05	1.24	1.44	1.66	1.88	2.12	2.36	2.60	2.87	3.46	—	—	—	—
C_2H_2	0.73	0.85	0.97	1.09	1.23	1.35	1.48	—	—	—	—	—	—	—	—	—
Cl_2	0.272	0.334	0.399	0.461	0.537	0.604	0.669	0.74	0.80	0.86	0.90	0.97	0.99	0.97	0.96	—
H_2S	0.272	0.319	0.372	0.418	0.489	0.552	0.617	0.686	0.755	0.825	0.689	1.04	1.21	1.37	1.46	1.50
	$(E \times 10^4)/(kPa)$															
SO_2	0.167	0.203	0.245	0.294	0.355	0.413	0.485	0.567	0.661	0.763	0.871	1.11	1.39	1.70	2.01	—

实验十一　　反应精馏法制乙酸乙酯

一、实验目的

1. 了解反应精馏与普通精馏的区别。
2. 了解反应精馏是一个既服从质量作用定律，又服从相平衡规律的复杂过程。
3. 掌握反应精馏的实验操作。
4. 学习进行全塔物料衡算的计算方法。
5. 学会分析塔内物料组成。

二、实验原理

1. 反应精馏原理

精馏是化工生产中常用的分离方法。它是利用气-液两相的传质和传热来达到分离的目的。对于不同的分离对象，精馏方法也会有所差异。反应精馏是随着精馏技术的不断发展与完善而发展起来的一种新型分离技术。通过对精馏塔进行特殊改造或设计后，采用不同形式的催化剂，可以使某些反应在精馏塔中进行，并同时进行产物和原料的精馏分离，是精馏技术中的一个特殊领域。在反应精馏操作过程中，由于化学反应与分离同时进行，产物通常被分离到塔顶，从而使反应平衡被不断破坏，造成反应平衡中的原料浓度相对增加，使平衡向右移动，故能显著提高反应原料的总体转化率，降低能耗。同时，由于产物与原料在反应中不断被精馏塔分离，也往往能得到较纯的产品，减少了后续分离和提纯工序的操作和能耗。此法在酯化、醚化、酯交换、水解等化工生产中得到应用，而且越来越显示其优越性。反应精馏过程不同于一般精馏，它既有精馏的物理相变之传递现象，又有物质变性的化学反应现象。两者同时存在，相互影响，使过程更加复杂。

反应精馏对下列两种情况特别适用：

（1）可逆平衡反应。一般情况下，反应受平衡影响，转化率最大只能是平衡转化率，而实际反应中只能维持在低于平衡转化率的水平。因此，产物中不但含有大量的反应原料，而且往往为了使其中一种价格较贵的原料反应尽可能完全，通常会使一种物料大量过量，造成后续分离过程的操作成本提高和难度加大。而在精馏塔中进行的酯化或醚化反应，往往因为生成物中有低沸点或高沸点物质存在，而多数会和水形成最低共沸物，从而可以从精馏塔顶连续不断地从系统中排出，使塔中的化学平衡发生变化，永远达不到化学平衡，从而导致反应不断进行，不断向右移动。最终的结果是反应原料的总体转化率超过平衡转化率，大大提高了反应效率和能量消耗。同时，由于在反应过程中也发生了物质分离，也就减少了后续工序分离的步骤和消耗，在反应中也就可以采用近似理论反应比的配料组成，既降低了原料的消耗，又减少了精馏分离产品的处理量。

（2）异构体混合物分离。通常因它们的沸点接近，靠精馏方法不易分离提纯。若异构体中某组分能发生化学反应并能生成沸点不同的物质,这时可在过程中得以分离。

本实验为乙醇和乙酸的酯化反应,适于第一种情况。但该反应若无催化剂存在,单独采用反应精馏操作也达不到高效分离的目的,这是因为反应速度非常缓慢,故一般都用催化反应方式。酸是有效的催化剂,常用硫酸。反应随酸浓度增高加快,浓度在 0.2% $\sim1.0\%$(wt)。此外,也可以用离子交换树脂、重金属盐类和丝光沸石分子筛等固体催化剂。反应精馏的催化剂用硫酸,是由于其催化作用不受塔内温度限制,在全塔内都能进行催化反应,而应用固体催化剂,则由于存在一个最适宜的温度,精馏塔本身难以达到此条件,故很难实现最佳化操作。

本实验是以乙酸和乙醇为原料、在酸催化剂作用下生成乙酸乙酯的可逆反应。反应的化学方程式为:

$$CH_3COOH + C_2H_5OH \longrightarrow CH_3COOC_2H_5 + H_2O$$

2. 反应精馏塔原理

反应精馏塔用玻璃制成。直径 $20 \sim 25\,mm$,塔总高约 $1400\,mm$,填料高度约 $1300\,mm$,塔内装 $\Phi2.5\,mm \times 2.5\,mm$ 不锈钢 θ 网环型填料(316 L)。

有两种类型的精馏玻璃釜,一种是用于连续反应精馏实验的 $500\,mL$ 玻璃釜,用釜底的电热板加热,加热电流可以由仪表或手动控制,一般为 $1\sim2\,A$,能看到釜底有足够的上升气体,但不能造成压力波动过大。塔釜温度传感器在釜内,使用时也可以加入少量硅油,使测量的温度更准确,釜内液体的温度为自动控制,并在仪表上实时显示。在釜右侧有物料的连续排出口,釜内的物料可以连续排出。当液面超过排出口时,物料会自动流到右面的储罐内,从而保持塔内液位的恒定,而储罐内的液体可以每隔固定时间间歇排出,从而保持塔的连续操作。

另一种是用于间歇反应精馏实验的 $500\,mL$(或 $250\,mL$)玻璃釜。原料乙醇和乙酸、催化剂一次性加入到塔釜,塔加热方式同连续反应精馏一样。塔釜温度传感器在釜内,使用时也可以加入少量硅油,使测量的温度更准确,釜内液体的温度为自动控制,并在仪表上实时显示。

在实验时,实验的进料有两种方式:一是直接从塔釜进料;另一种是在塔的某处进料。前者有间歇和连续式操作;后者只有连续式。本实验用后一种方式进料,即在塔上部某处加带有酸催化剂的醋酸,塔下部某处加乙醇。釜沸腾状态下塔内轻组分逐渐向上移动,重组分向下移动。具体地说,醋酸从上段向下段移动,与向塔上段移动的乙醇接触,在不同填料高度上均发生反应,生成酯和水。塔内此时有四组元。由于醋酸在气相中有缔合作用,除醋酸外,其他三个组分形成三元或二元共沸物。水-酯、水-醇和水-醇-酯共沸物沸点较低,醇和酯能不断地从塔顶排出。若控制反应原料比例,可使某组分全部转化。全过程可用物料衡算式和热量衡算式描述。

对第 j 块理论板上的 i 组分进行物料衡算如下:

$$L_{j-1}X_{i,j-1} + V_{j+1}Y_{i,j+1} + F_jZ_{j,i} + R_{i,j} = V_jY_{i,j} + L_jX_{i,j} \tag{5-16}$$

$$2 \leqslant j \leqslant n,\ i = 1,2,3,4$$

（1）气液平衡方程

对平衡级上某组分 i 有如下平衡关系：

$$K_{i,j} \cdot X_{i,j} - Y_{i,j} = 0 \tag{5-17}$$

每块板上组成的总和应符合下式：

$$\sum_{i=1}^{n} Y_{i,j} = 1, \quad \sum_{i=1}^{n} X_{i,j} = 1 \tag{5-18}$$

（2）反应速率方程

$$R_{i,j} = K_j \cdot P_j \left(\frac{X_{i,j}}{\sum Q_{i,j} \cdot X_{i,j}} \right)^2 \times 10^5 \tag{5-19}$$

此式在原料中各组分的浓度相等条件下才能成立，否则应予修正。

（3）热量衡算方程

对平衡级上进行热量衡算，最终得到下式：

$$L_{j-1}h_{j-1} - V_jH_j - L_jh_j + V_{i+1}H_{j+1} + F_jH_{rj} - Q_j + R_jH_{rj} = 0 \tag{5-20}$$

式中，F_j——j 板进料流量；

h_j——j 板上液体熔值；

H_j——j 板上气体熔值；

H_{rj}——j 板上反应热熔值；

L_j——j 板下降液体量；

$K_{i,j}$——i 组分的气液平衡常数；

P_j——j 板上液体混合物体积（持液量）；

$R_{i,j}$——单位时间 j 板上单位液体体积内 i 组分的反应量；

V_j——j 板上升蒸气量；

$X_{i,j}$——j 板上组分 i 的液相摩尔分数；

$Y_{i,j}$——j 板上组分 i 的气相摩尔分数；

$Z_{i,j}$——j 板上 i 组分的原料组成；

$\theta_{i,j}$——反应混合物 i 组分在 j 板上的体积；

Q_j——j 板上冷却或加热的热量。

3. 色谱分析原理

产物的分析由于比较复杂，含有多种成分，一般不能用滴定或折光仪分析，而采用气相色谱法。实验所用的色谱柱固定相为 101 白色担体，固定液为邻苯二甲酸二壬酯，固定液含量一般为 10%。需要测定的样品分别为乙醇、乙酸、水和乙酸乙酯，色谱采用热导池检测器，出峰顺序为水、乙醇、乙酸、乙酸乙酯。气化室温度 150 ℃，柱箱温度 130～140 ℃，检测器温度 150 ℃，桥电流 140 mA，衰减 1，进样量 0.2 μL。

三、实验装置及试剂

实验装置如图 5-30 所示。

反应精馏塔用玻璃制成，内径 20 mm，塔的填料高 1400 mm，塔有侧口 5 个，最上口和最下口分别距塔顶和塔底均为 200 mm，侧口间距为 250 mm。塔内填装 Φ3 mm×

3 mm 不锈钢 θ 网环型填料。塔釜为四口烧瓶,容积为 500 mL,塔外壁镀有透明导电膜,通电流使塔身加热保温。透明导体分上、下两段,每段功率 300 W。塔釜置于 500 W 电热包中。塔顶冷凝液体的回流和采出比用摆动式回流比控制器控制。此控制系统由塔头上的摆锤、电磁铁线圈及回流比控制电子仪表组成。

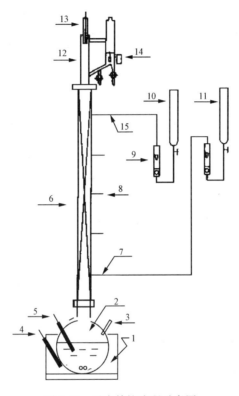

图 5-30　反应精馏流程示意图

1—电热包　2—反应精馏釜　3—侧压口　4—电热包测温热电偶　5—釜测温热电偶　6—反应精馏主塔　7—侧口(乙醇加料口)　8—侧口　9—转子流量计　10—乙酸计量管　11—乙醇计量管　12—塔头　13—塔顶测温热电偶　14—电磁铁　15—侧口(乙酸加料口)

控制面板示意图如图 5-31 所示。

本实验采用配备热导池检测器和 GDX 固定相的气相色谱仪分析各组分的含量。

实验所需能量由电热源提供。加热电压由固态调压器调节。电热包的加热温度由智能仪表通过固态继电器控制。电热包、塔底和塔顶温度均由数字智能仪表显示,并由计算机实时采集各点(电热包、塔底、塔顶)的温度数据。

实验所需冰乙酸、无水乙醇、浓硫酸为分析纯或化学纯。

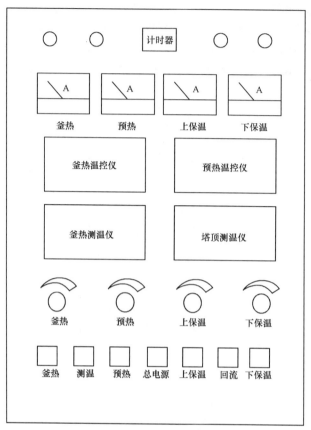

图 5-31　控制面板示意图

四、实验步骤

1. 间歇反应精馏

(1) 检查进料系统各管线是否正常连接。

(2) 在釜内加入 250～350 g 醇酸混合液(其中醇酸的摩尔比为 1.1～1.7,催化剂硫酸的含量为酸的 0.5%～1%)。

(3) 打开总电源开关,开启测温电源开关,此时温度仪表有温度显示。开启釜热控温开关,相应仪表也有显示。设定好仪表的温度值(推荐温度为 170～190 ℃)后,顺时针调节电流给定旋钮,使电流在合适的范围内。

(4) 当釜内物料开始沸腾时,打开塔身上、下两段透明保温膜的电源,顺时针调节电流给定旋钮,使电流维持在 0.1～0.3 A。

(5) 打开冷却水的控制阀门,控制到合适的流量。

(6) 待塔头有冷凝液体出现后,稳定全回流 20～30 分钟,启动部分回流操作,按回流比 4∶1～8∶1 的速度出料。出料后仔细观察塔底和塔顶的温度与压力,测量塔顶出料速度,并及时调节出料和加热温度,使之处于平衡状态。每隔 20 分钟用小样品瓶分别取少量塔顶与塔釜的液体样品,进行组分含量分析。

（7）用微量注射器在塔身不同高度取样口内取液样,直接注入气相色谱仪内,测得塔内各组分浓度的分布曲线。

（8）实验操作 2 小时左右,在完成塔底和塔顶的物料组成分析后,即可停止加热。待不再有液体流回塔釜时,分析塔顶和塔底物的成分并称量。

（9）关闭冷却水和电源。

2. 塔釜进料的连续反应精馏

操作步骤自行设计。

3. 塔体进料的连续反应精馏

（1）检查进料系统各管线是否连接正常。在确定无误后,向釜内加入 150 g 釜残液(其组成用气相色谱仪分析)。将乙酸和乙醇分别注入计量管内(乙酸内含 0.3% 硫酸)。

（2）打开总电源开关和测温电源开关,温度仪表应有温度显示。

（3）开启釜热控温开关,设定好仪表的温度值(推荐温度为 170～190 ℃)后,顺时针调节电流给定旋钮至合适的电流。

（4）当釜液开始沸腾时,打开塔身上、下两段透明保温膜的电源,顺时针调节电流给定旋钮,使电流维持在 0.1～0.3 A。

（5）打开冷却水的控制阀门并调节至合适的流量。

（6）当塔顶有冷凝液体出现时,稳定全回流 15 分钟后开始进料,从塔的上侧口以 40 mL/h 的速度加入已配好的含有 0.3% 硫酸的冰乙酸,从塔的下侧口以 20～40 mL/h 的速度加入无水乙醇。

（7）全回流 15 分钟后,开启部分回流操作,以回流比 4∶1 的速度出料,与此同时釜底也出料,使总物料平衡。进料后仔细观察塔底和塔顶温度与压力,测量塔顶与塔釜的出料速度。并及时调整进、出料速度和加热温度,使精馏操作处于平衡状态。每隔 20 分钟用小样品瓶分别取少量塔顶与塔釜流出液,进行成分分析。

（8）在稳定操作下用微量注射器从塔身不同高度的取样口内取液样,测定塔内组分浓度分布曲线。

（9）实验操作 2 小时后,在完成塔底和塔顶的物料组成分析后,停止进料和加热。待不再有液体流回塔釜时,分析塔顶和塔底物料的成分并称量。

（10）关闭冷却水控制阀门和电源。

（11）如果时间允许,可改变回流比或改变原料摩尔比,重复实验,并将实验结果进行对比。

五、注意事项

1. 乙酸乙酯与水或乙醇能形成二元或三元共沸物,它们的沸点非常相似,实验过程中应注意控制塔顶温度。共沸物的沸点和具体组成见表 5-4。

表 5-4 共沸物沸点

沸点(℃)	组成(%)		
	乙酸乙酯	乙醇	水
70.2	82.6	8.4	9.0
70.4	91.9	0	8.1
71.8	69.0	31.0	0

2. 开始操作时应首先加热釜残液,维持全回流操作 15～30 分钟,以达到预热塔身、形成塔内浓度梯度和温度梯度的目的。

六、实验数据处理

自行设计实验数据记录表格。根据实验测得的数据,进行乙酸和乙醇的全塔物料衡算,计算塔内浓度分布、反应产率及转化率等,绘出浓度分布曲线图。

计算反应转化率的公式如下:

乙酸的转化率＝[(乙酸加料量＋原釜内乙酸量)－(馏出物乙酸量＋釜残液
乙酸量)]/(乙酸加料量＋原釜内乙酸量)

乙醇转化率的计算公式与乙酸的计算方法类似。

七、思考题

1. 什么是反应精馏?其特点是什么?可应用于什么样的体系?

2. 若某一反应为可逆反应,反应物为 A 和 B,产物为 C 和 D,试从各种物质的沸点情况分析是否可采用反应精馏?

3. 如何将本实验得到的粗乙酸乙酯提纯得到无水乙酸乙酯?请查阅有关文献,提出工业上可行的方法,并设计实验方案。

参考文献

[1] 刘光永,主编.化工开发实验技术[M].天津:天津大学出版社,1994.

[2] 何寿林,汪鸿.湖北化工,1996,(4):46.

[3] 刘雪暖,李玉秋.化学工业与工程,2000,17(3):164.

[4] 王化淳,郭光远,李复生,等.石油化工,1997,26(11):761.

[5] 许锡恩,李家玲,刘铁涌.石油化工,1989,18(9):642.

实验十二　二元气液相平衡数据的测定

气液相平衡关系是精馏、吸收等单元操作的基础数据。随着化工生产的不断发展，现有气液平衡数据远不能满足需要。许多物质的平衡数据很难由理论计算直接得到，必须由实验测定。在热力学研究方面，新的热力学模型的开发、各种热力学模型的比较筛选等也离不开大量精确的气液平衡实测数据。现在，各类化工杂志每年都有大量的气液平衡数据及气液平衡测定研究的文章发表。所以，气液平衡数据的测定及研究深受化工界人士的重视。

一、实验目的

1. 测定乙醇-水二元体系在 101.325 kPa 下的气液平衡数据。
2. 通过实验了解平衡釜的构造，掌握气液平衡数据的测定方法和技能。
3. 应用 Wilson 方程关联实验数据。

二、气液平衡测定的种类

由于气液平衡体系的复杂性及气液平衡测定技术的不断发展，气液平衡测定也形成了特点各异的不同种类。

按压力分，有常减压气液平衡和高压气液平衡。高压气液平衡测定的技术相对比较复杂，难度较大；常减压气液平衡测定相对较容易。

按形态分，有静态法和动态法。静态法技术相对要简单一些，而动态法测定的技术要复杂一些，但测定较快较准。

在动态法里又有单循环法和双循环法。双循环法就是让气相和液相都循环，而单循环只让其中一相（一般是气相）循环。在一般情况下，常减压气液平衡都采用双循环，而在高压气液平衡中，只让气相强制循环。循环的好处是易于平衡、易于取样分析。

根据对温度及压力的控制情况，有等温法和等压法之分。一般，静态法采用等压测定，动态法的高压气液平衡测定多采用等温法。

总之，气液平衡系统特点各异，而测定的方法亦丰富多彩。

本实验采用的是常压下（等压）双循环法测定乙醇-水的气液平衡数据。

三、实验原理

以循环法测定气液平衡数据的平衡釜类型虽多，但基本原理相同，如图 5-32 所示。当体系达到平衡时，两个容器的组成不随时间变化，这时从 A 和 B 两容器中取样分析，即可得到一组平衡数据。

当达到平衡时，除两相的温度和压力分别相等外，每一组分化学位也相等，即逸度相等，其热力学基本关系为

$$\hat{f}_i^L = \hat{f}_i^V$$

$$\hat{\phi}_i^V P y_i = \gamma_i f_i^s x_i \tag{5-21}$$

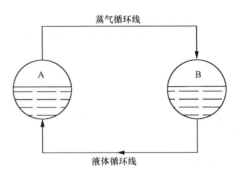

图 5-32　平衡法测定气液平衡原理图

常压下,气相可视为理想气体,$\hat{\varphi}_i^V = 1$;再忽略压力对流体逸度的影响,$f_i^s = P_i^s$,从而得出低压下气液平衡关系式为

$$Py_i = \gamma_i P_i^s x_i \tag{5-22}$$

式中,P—体系压力(总压);

　　P_i^s—纯组分 i 在平衡温度下的饱和蒸气压,可用 Antoine 公式计算;

　　x_i, y_i—分别为组分 i 在液相和气相中的摩尔分率;

　　γ_i—组分 i 的活度系数。

Antoine 公式:

$$\lg P_i^0 = A_i - \frac{B_i}{C_i + t}$$

式中,A, B, C—组分的 Antoine 常数,可从有关数据手册中查取。

　　这里的压力 P 的单位为 mmHg,温度 t 的单位为℃。

　　由实验测得等压下气液平衡数据,则可用

$$\gamma_i = \frac{Py_i}{x_i P_i^s} \tag{5-23}$$

计算出不同组成下的活度系数。这样得到的活度系数,称为实验的活度系数。

　　本实验中活度系数和组成关系采用 Wilson 方程关联。Wilson 方程为

$$\ln\gamma_1 = -\ln(x_1 + \Lambda_{12}x_2) + x_2\left(\frac{\Lambda_{12}}{x_1 + \Lambda_{12}x_2} - \frac{\Lambda_{21}}{x_2 + \Lambda_{21}x_1}\right) \tag{5-24}$$

$$\ln\gamma_2 = -\ln(x_2 + \Lambda_{21}x_1) + x_1\left(\frac{\Lambda_{21}}{x_2 + \Lambda_{21}x_1} - \frac{\Lambda_{12}}{x_1 + \Lambda_{12}x_2}\right) \tag{5-25}$$

式中二元配偶函数 Λ_{12} 和 Λ_{21} 可采用高斯-牛顿法,由二元气液平衡数据回归得到。

　　目标函数选为气相组成误差的平方和,即

$$F = \sum_{j=1}^{m}(y_{1_{实}} - y_{1_{计}})_j^2 + (y_{2_{实}} - y_{2_{计}})_j^2 \tag{5-26}$$

四、实验装置及仪器

1. 化工热力学研究室改进的 Rose 釜。该釜结构独特,气液双循环,操作非常简便,平衡时间短,不会出现过冷过热现象,适用范围广。温度测定用 A 级温度传感器。样品

组成采用折光指数法分析。

其结构如图 5-33 所示。

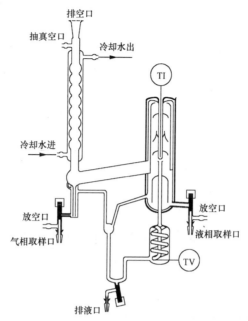

图 5-33 双循环平衡釜示意图

2. 阿贝折光仪(或气相色谱仪)。

五、实验步骤

(1)开启阿贝折光仪。

(2)测定物料纯度。用在 20 ℃下折光率或色谱分析检测。

(3)用量筒量取 140～150 mL 去离子水、30～35 mL 无水乙醇,从加料口加入平衡釜内。

(4)开冷却水(注意不要开得太大)。

(5)打开加热开关,调节调压器使加热电压在 220 V,待釜液沸腾 2～3 分钟左右,慢慢地将电压降低至 90～130 V 左右(视沸腾情况而定,以提升管内的气泡能连续缓慢地上升为准,不可猛烈上冲,也不可断断续续)。

(6)从气压机上读出大气压数据记下。

(7)调解阿贝折光仪的循环水温至 30 ℃。

(8)观察平衡釜内气液循环情况,注意平衡室温度变化情况,若温度已连续 15～20 分钟保持恒定不变,则可以认为已达到平衡,可以取样分析。

(9)将一个取样瓶在天平上称量(记下质量 G_1),然后往瓶内加入半瓶左右的去离子水(约 3 mL)称量(记下质量 G_2),该含水的取样瓶用于取气相样品。另一个空瓶取液相样品。

(10)取样前记下平衡温度,并用一烧杯分别从两个取样口放掉 1～2 mL 左右的液体。

(11) 用准备好的两个取样瓶同时取样,取样量约为容积的 4/5 左右。取好样品后,立即盖上盖子。然后将气相样品瓶在电光天平上称量(记下质量 G_3)。液相样品瓶不必称量。

(12) 取样后,再向釜内加入 15~20 mL 的乙醇以改变釜内组成。

(13) 将气相样品瓶摇晃,使瓶内样品均匀,然后将两个样品在阿贝折光仪上测出折光指数,通过 n_D^{30}-x 标准曲线查出液相样品的摩尔组成 x、气相稀释样品的组成 y'。

(14) 根据称出的质量(G_1,G_2,G_3)及气相稀释样品的组成 y' 计算出气相实际组成 y,计算公式为

$$y = \frac{18y'(G_3 - G_1)}{18(G_3 - G_2) - 28y'(G_2 - G_1)}$$

(15) 重复上述步骤,进行下一组数据的测定。要求每一小时测定 4~5 组平衡数据。

(16) 结束实验,整理好实验室。

上述步骤供同学参考,有些步骤可以交叉进行,请同学们在独立思考的基础上谨慎操作。

六、实验数据处理

1. 实验数据都要及时如实地记录在实验数据记录表内(参考表 5-5 和表 5-6)。

表 5-5   实验条件记录

序 号	大气压力(mmHg)	系统压力(mmHg)	室温(℃)	加热电压
1				
2				
3				
4				
5				

表 5-6   实验数据记录

序 号	平衡温度	气 相						液 相	
		G_1	G_2	G_3	n_D^{30}	y'	y	n_D^{30}	x
1									
2									
3									
4									
5									

G_1—瓶质量,G_2—(瓶+水)质量,G_3—(瓶+水+样品)质量。

2. 实验数据按本实验第五部分内容的有关要求进行处理,计算过程要详细地写入实验报告里。计算结果要整理列表。

3. 将所测数据及计算数据在 x-y 图、T-x-y 图上画出。

4. 在实验报告中讨论:

(1) 你是怎样判断气液两相平衡的?为什么?

（2）你所测的数据可靠吗？为什么？有哪些因素（主要的）影响了你的数据的准确性？操作中哪些地方最值得注意？

（3）你认为应该（值得）讨论的问题。

七、思考题

1. 实验中怎样判断气液两相已达到平衡？

2. 影响气液平衡测定准确度的因素有哪些？

3. 为什么要确定模型参数？对实际工作有何作用？

附录

1. 物性

名　称	摩尔质量(g/mol)	沸点(℃)	折光指数 n_D^{30}
乙醇(1)	46.07	78.30	1.3595
水(2)	18.02	100.0	1.3325

2. Antoine 常数

	Antoine 常数			适用温度
	A	B	C	(℃)
乙醇(1)	8.1122	1592.864	226.184	20～93
水(2)	8.07131	1730.630	233.426	1～100

3. 乙醇-水二元交互作用能量参数

$$g_{12} - g_{11} = 932.54\,\text{J/mol}$$

$$g_{21} - g_{11} = 4189.66\,\text{J/mol}$$

4. 乙醇、水的饱和液体的摩尔体积（常压下）

温　度(℃)	乙醇摩尔体积(mL/mol)	水的摩尔体积(mL/mol)
80	61.97	18.52
90	63.01	18.65
100	64.12	18.78

参考文献

[1] J Gmehing. VLE Data Collection，Vol. 1,1977.

[2] Hala E. Vapour Liquid Equilubrium，1967.

[3] 崔志娱,等. 石油化工. 1986,15(9):528.

[4] 王关勤,等. 化学工程. 1989,17(4):68.

实验十三　三元物系液液相平衡测定

液液萃取是化工过程中一种重要的分离方法,它在节能上的优越性尤其显著。液液相平衡数据是萃取过程设计及操作的主要依据。平衡数据的获得主要依赖于实验测定。

一、实验目的

本实验采用所谓浊点-物性联合法,测定 25 ℃下,乙醇-环己烷-水三元物系的液液平衡双结点曲线(又称溶解度曲线)和平衡结线。通过实验,要求同学们了解测定方法,熟悉实验技能,学会三角形相图的绘制,以及分配系数 K、选择性系数 β 的计算,掌握本实验所依据的基本原理。

二、实验原理

1. 溶解度测定的原理

乙醇和环己烷,乙醇和水均为互溶体系,但水在环己烷中溶解度很小。在定温下,向乙醇-环己烷溶液中加入水,当水达到一定数量时,原来均匀清澈的溶液开始分裂成水相和油相两相混合物,此时体系不再是均匀的了。当物系发生相变时,液体由清变浊。使体系变浊所需的加水量取决于乙醇和环己烷的起始浓度和给定温度。利用体系在相变时的浑浊和清亮现象,可以测定体系中各组分之间的互溶度。一般,液体由清变浊肉眼易于分辨。所以,本实验采用先配制乙醇-环己烷溶液,然后加入第三组分水,直到溶液出现混浊,通过逐一称量各组分来确定平衡组成即溶解度。

2. 平衡结线测定的原理

由相律知,定温、定压下,三元液液平衡体系的自由度 $f=1$。这就是说,在溶解度曲线上只要确定一个特性值,就能确定三元物系的性质。通过测定在平衡时上层(油相)、下层(水相)的折光指数,并在预先测制的浓度-折光指数关系曲线上查得相应组成,便可获得平衡结线。

三、实验仪器及试剂

1. 仪器

液液平衡釜、电磁搅拌器、阿贝折光仪、恒温水槽、电光分析天平、A 级温度传感器、医用注射器、量筒、烧杯等。

2. 试剂

分析纯乙醇、分析纯环己烷及去离子水。

四、实验步骤

(1) 打开恒温水槽的电源开关、加热开关。

(2) 注意观察平衡釜温度计的变化,使之稳定在 25 ℃(可调节恒温水槽的温度表)。

(3) 将 7 mL 环己烷倒入三角烧瓶,在天平上称量(记下质量 G_2),然后将环己烷倒入平衡釜,再将三角烧瓶称量(记下质量 G_1)。于是得倒入釜内环己烷的质量为 (G_2-G_1)。用同样的方法将 1~2 mL 的无水乙醇加入平衡釜(亦记下相应的质量)。

(4)打开搅拌器搅拌 2~3 分钟,使环己烷和乙醇混合均匀。

(5)用一小医用针筒抽取 2~3 mL 去离子水,用吸水纸轻轻擦去尖外的水,在天平上称量并记下质量。将针筒里的水缓慢地向釜内滴加,仔细观察溶液,当溶液开始变浊时,立即停止滴水,将针筒轻微倒抽(切不可滴过头),以便使针尖上的水抽回,然后将针筒连水称量,记下质量,两次质量之差便是所加的水量。根据烷、醇、水的质量,可算出变浊点组成。如果改变醇的量,重复以上操作,便可测得一系列溶解度数据。

(6)将 7 mL 水倒入三角烧瓶,在天平上称量(记下质量 G_2'),然后将水倒入平衡釜,再将三角烧瓶称量(记下质量 G_1')。于是得倒入釜内水的量为 $(G_2'-G_1')$。用同样的方法将 1~2 mL 的无水乙醇加入平衡釜(亦记下相应的质量)。

(7)打开搅拌器搅拌 2~3 分钟,使水和乙醇混合均匀。

(8)用一小医用针筒抽取 2~3 mL 环己烷,用吸水纸轻轻擦去尖外的环己烷,在天平上称量并记下质量。将针筒里的环己烷缓慢地向釜内滴加,仔细观察溶液,当溶液开始变浊时,立即停止滴环己烷,将针筒轻微倒抽(切不可滴过头),以便使针尖上的环己烷抽回,然后将针筒连水称量,记下质量,两次质量之差便是所加的环己烷量。根据烷、醇、水的质量,可算出变浊点组成。如果改变醇的量,重复以上操作,便可测得一系列溶解度数据。

(9)将以上所有溶解度数据绘在三角形相图上,便成一条溶解度曲线。

(10)用针筒向釜内添加 1~2 mL 水,缓缓搅拌 1~2 分钟,停止搅拌,静置 15~20 分钟。待其充分分层以后,用洁净的注射器分别小心抽取上层和下层样品,测定折光指数,并通过标准曲线查出两个样品的组成。这样就能得到一条平衡结线。

(11)再向釜内添加 1~2 mL 水,重复步骤(10),测定下一组数据。要求测 3~4 组数据(3 条平衡结线)。

(12)结束实验,整理实验室。

五、实验记录及数据处理

1. 实验条件

室温(℃)	大气压	平衡釜温度(℃)

2. 溶解度测定记录

	三角烧瓶+试样 (或针筒)质量(g)	三角烧瓶 (或针筒)质量(g)	组分质量(g)	$W(\%)$
环己烷				
乙醇				
水				

3. 平衡结线数据记录表

序 号	组 分	上层液体		下层液体	
		n_D^{25}	组分 W(%)	n_D^{25}	组分 W(%)
1	A				
	B				
	W				
2	A				
	B				
	W				
3	A				
	B				
	W				
4	A				
	B				
	W				

A—乙醇;B—环己烷;W—水。

4. 关于分配系数

在三元液液平衡体系中,若两相中溶质 A 的分子不变化,则 A 的分配系数定义为

$$K_A = \frac{\text{溶质 A 在萃取相中的浓度}(W_A,\%)}{\text{溶质 A 在萃余相中的浓度}(W_A',\%)}$$

选择性系数可定义为

$$\beta_{12} = \frac{\text{萃取相中 1 组分(溶剂水)与 2 组分(溶剂环己烷)的浓度比}}{\text{萃余相中 1 组分(溶剂)与 2 组分(溶剂)的浓度比}}$$

虽然在三元液液平衡体系中,溶剂和溶质可能是相对的,但在具体的工业过程中,溶质和溶剂则是确定的。在本实验中,我们不妨把乙醇看作溶质,而把水和环己烷看作溶剂 1 和溶剂 2,水相便是萃取相,油相便是萃余相(在这里水是萃取剂)。

请根据实验数据计算分配系数和选择性系数,并注意分配系数和选择性系数的意义。

六、讨论

1. 用热力学知识解释引起液体分裂的原因。

2. 为什么根据系统由清变浊的现象即可测定相界?

3. 如何用分配系数、选择性系数来评价萃取溶剂的性能?

4. 分析温度、压力对液液平衡的影响。

5. 你的实验数据准确吗?影响你的数据的准确性的主要原因是什么?

6. 讨论你认为应该或值得讨论的问题。

附录

25℃下乙醇-环己烷-水三元物系液液平衡溶解度数据(质量百分数)

编 号	乙 醇(%)	环己烷(%)	水(%)
1	41.06	0.08	58.86
2	43.24	0.54	56.22
3	50.38	0.81	48.81
4	53.85	1.36	44.79
5	61.63	3.09	35.28
6	66.99	6.98	26.03
7	68.47	8.84	22.69
8	69.31	13.88	16.81
9	67.89	20.38	11.73
10	65.41	25.98	8.31
11	61.59	30.63	7.78
12	48.17	47.54	4.29
13	33.14	64.79	2.07
14	16.70	82.41	0.89

实验十四　开口、闭口法闪点的测定

一、实验目的

1. 掌握 SD-2K 型开口、闭口法测定闪点的原理及其方法。
2. 熟悉开口、闭口闪点仪的使用。

二、实验原理

开口法测定闪点是通过微型计算机控制加热器对样品加热,按照标准方法要求控制气路系统自动打开气阀,自动点火、自动划扫。当出现闪点时,自动将这一瞬间温度锁定显示,并有声音提示,同时控制风冷却系统冷却加热器。

闭口法闪点仪的原理与开口闪点仪类似(表 5-7)。

表 5-7　主要技术指标和工作条件

开口闪点测定仪	闭口闪点测定仪
测定范围:80~400 ℃	测定范围:25~200 ℃
精　密　度:重复性不大于 5 ℃; 　　　　　再现性不大于 6 ℃	测定精度:国家标准,闪点值≤104 ℃时允差 　　　　　2 ℃,闪点值>104 ℃时允差 4 ℃; 　　　　　国际标准,闪点值≤110 ℃时允差 　　　　　2 ℃,闪点值>110 ℃时允差 4 ℃
温度检测:铂电阻	
显示方式:8 位 LED 数字显示,预置温度、样品温 　　　　　度、闪点值、加热器参考温度	检测方式:热电偶微分检测
自检功能:点火杆、测试传感器的运动;点火丝及 　　　　　气阀的启停;加热器风冷的启停;加热 　　　　　器的参考温度	显示方式:彩色液晶显示
	冷却方式:风机冷却
	自检功能:按键、显示、打印机、控制等
使用电源:交流(220±22)V,频率(50±2.5)Hz	使用电源:交流(220±22)V,频率(50±2.5)Hz
功　　　率:≤700 W	功　　　率:<350 W
	打　印　机:20 个字符,汉字输出
适用温度:5~40 ℃	适用温度:10~35 ℃
仪器总重量:23 kg	适用湿度:30%~80%
	燃　　　气:煤气或液化石油气,压力 0.2~0.5 MPa

三、实验装置

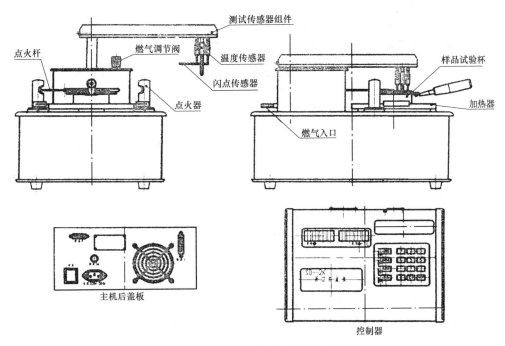

图 5-34　开口闪点测定仪的结构特征图

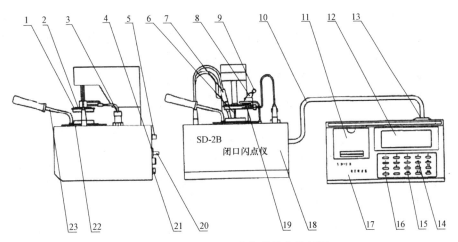

图 5-35　闭口闪点测定仪的结构特征图

1—杯盖　2—盖门　3—燃气调节旋钮　4—电源输入　5—电源开关　6—搅拌浆　7—温度传感器　8—引火器
9—引火器调节螺钉　10—控制线　11—打印机　12—显示屏　13—控制线接口　14—光标移动键　15—功能键
16—数字键　17—控制机箱　18—测定机箱　19—热电偶　20—燃气输入口　21—控制线接口　22—加热器
23—样品杯

四、实验步骤

1. 开口闪点测定仪

（1）系统安装与连接（用于安装仪器时）

整个操作过程严禁用手提、拉、转动测试传感器组件。

① 打开主机包装箱，取出主机，用扳手把上边的不锈钢护盖及四根立柱取下。

② 打开另一包装箱，取出加热炉、样品杯及控制部分。

③ 连接好主机与控制部分的连线，插好 220 V 电源。

（2）仪器功能检测

① 将仪器接入气源（石油液化气或其他燃气），电源开关至开位置（指示灯亮），此时仪器的蜂鸣器响三声，测试传感器组件向上转动升起。

② 显示器全部显示为 0。

③ 将加热炉小心地放入主机加热炉体位置。

④ 同时按下"辅助"和"1"键，显示器显示"C－"。

仪器进入功能检测状态。

按数字键"1"，点火杆向左或向右移动并停在点火处。

按数字键"2"，测试传感器组件应能升起或降落。

按数字键"3"，点火丝应加热；重复按键"3"，停止加热。

按数字键"4"，冷却风机转动；重复按键"4"，停止。

按数字键"8"，显示器显示加热参考温度。

（3）测试操作

① 调整点火杆的火焰：仪器在检测状态，按数字键"3"，点火丝加热发红，调节气阀使点火杆点燃。然后按数字键"1"，使点火杆移动，调节燃气阀使点火杆上火焰符合标准方法要求（4 mm 左右）。以上可重复几次，保证火焰正常点燃。

② 按"闪点输入"键，仪器退出检测状态（显示器全息）。

③ 样品测试：

● 已知样品闪点测试：按标准方法试验，先按"闪点设定"键，指示灯亮，按数字键设定样品闪点值。闪点值设定好后按"闪点输入"键，然后将装有样品的开口杯放到加热器上，按"开始"键指示灯亮，测定传感器组件自动降落到杯中开始测试。这时显示器的右四位是闪点设定值，左四位是样品温度，随着样品温度的上升，当距预闪点值前 33 ℃时，气阀自动开启，距预闪点值前 28 ℃时，点火杆开始自动划扫，每升高 2 ℃划扫一次。当出现闪点时，蜂鸣器声响，测试传感器组件自动抬起，"结束"指示灯亮。显示器左四位改为加热器参考温度，右四位改为样品实际闪点值，同时仪器自动风冷加热器。操作人员可将样品杯从仪器上取下，清洗好，待第二次测试用。

● 未知样品闪点测试：未知样品闪点值测试时，可先假设一个温度值，当标准方法设定后，按"未知闪点"键，指示灯亮，按"闪点设定"键，指示灯亮，用数字键设置未知样品的闪点值，按"闪点输入键"，然后将样品杯放到加热器上，再按"开始"键，指示灯亮，开始测试。此时点火杆在样品温度每升高约 2 ℃时自动划扫一次，直到测出样品闪点值。

（4）测试过程中可能遇到的问题

① 当样品温度超出闪点设定值 30 ℃，而未出现闪点时，仪器则自动结束测试。此时需再次提高预置闪点值，再试验。

② 当第一次划扫便出现闪点或燃点，这是预置闪点值设定高所致，测试出的闪点值是不可靠的。此时需降低预置闪点值，再试验。

③ 如发现闪点设定错误时，按"闪点输入"键，再按"闪点设定"键后，用数字键重新输入需要的闪点值。

④ 仪器测试过程中，需要停止试验，同时按下"辅助"键和"0"键，仪器终止测试，测试传感器便抬起，停止试验。

⑤ 由于燃气源气流很小，所以气阀开启，燃气从管路中流出点火杆点燃要稍滞后。

2. 闭口闪点测定仪

（1）安装与调试

购得仪器后，请按下述步骤安装与调试：

① 将仪器放于工作间的平台上，首先进行外观检查：各部件有无损坏，紧固件是否松动，配件是否齐全。

② 按图 5-35 连接好控制线、电源线、燃气输入管。打开电源开关，移动光标键，参照参数表设定好当前日期、时间及其他参数。

日期、时间的设定：移动光标键使光标进入日期、时间行，并处于年的位置，按动右移光标键，分别根据当前日期、时间输入数值，然后按动下移光标键，所输入的数值被确认。

注意：即使是更正一个数值，如年或分钟的情况下，也必须完成从年至分钟的全部操作程序，不管是否需要更正，也必须进行全部数值的输入。否则，正确的输入会被消除。

其他参数的设定：

● 移动光标键，可设定样品号、气压、预闪值、标准、打印机、检测。设定标准、打印机、检测时，通过按动数字键"·"可以使标准设定为"GB、ISO"，打印机设定为"联机、脱机"，检测设定为"样品、功能"。

功能：将打印纸装入打印机机头内。

操作：按"启动/停止"键，每按一次打印机大约进纸 25 mm。

● 功能 1：检查打印机是否正常。

操作：移动光标键选择功能 1，按"启动/停止"键，打印机打印设置的数值格式。

● 功能 2：检查加热器是否正常。

操作：移动光标键选择功能 2，按"启动/停止"键。光标处所显示的数值为升温速率，取值为 1～8，可通过数字键在取值范围内任意设置，确定后按"启动/停止"键，此时加热器便按所输入的速率升温。

按"启动/停止"键，加热停止。

● 功能 3：检查风机（加热器降温用）是否正常。

操作：移动光标键选择功能 3，按一下"启动/停止"键，此时在加热器边缘处会有强风吹出，再按一次"启动/停止"键，风机停止工作。

● 功能 4：检查电磁阀是否正常。

操作：移动光标键选择功能 4，按一下"启动/停止"键，在测试箱内会听到电磁阀吸合的动作声。点燃引火器，调节燃气调节旋钮及引火器上的调节螺钉，使引火器火焰形成直径为 3～4 mm 的火球。再按下"启动/停止"键，同样会听到电磁阀的释放声音，火球熄灭。

注意：初次使用时因燃气输入管内存有大量的空气，为此，要先对燃气输入管进行排空处理。

● 功能 5：检查盖门动作是否正常。

操作：移动光标键选择功能 5，按一下"启动/停止"键，盖门动作会按所设计的动作运行。再按一下"启动/停止"键，运行停止。

● 功能 6：检查搅拌是否正常。

操作：移动光标键选择功能 6，按一下"启动/停止"键，带有两片叶片的金属桨开始搅拌，再按一下"启动/停止"键，搅拌停止。

● 功能 7：检查杯盖上升下降是否正常。

操作：移动光标键选择功能 7，按一下"启动/停止"键，杯盖便函做上升、下降重复运动。再按一下"启动/停止"键，运动停止。

● 功能 8：检查温度传感器是否正常。

操作：移动光标键选择功能 8，按一下"启动/停止"键。通过对温度传感器施加一定温度，此时所示信息的温度也随之发生变化，再按一下"启动/停止"键。

● 功能 9：检查热电偶是否正常。

操作：移动光标键选择功能 9，按一下"启动/停止"键，然后用点燃的火柴在热电偶下方 50 mm 处做水平回移动，此时显示屏闪火次数开始计数，最大计数为 9 次。再按"启动/停止"键。

（2）操作方法

在试验前将样品杯彻底清洗和干燥，确保所有清洗用溶剂已被去除。将试样注入样品杯中至充满到刻线。

① 试样的测定：

● 打开电源开关，按"确认"键。

● 根据被测样品，设定样品号、气压、预闪值、标准、打印机、检测，确认无误后，按"确认"键。如果杯盖的位置影响样品杯放入加热器中，可按动"上升"或者"下降"键使其到位，将已充入试样的样品杯放入加热器中。按一下"启动/停止"键，直到杯盖与样品杯闭合后点燃引火器，调节燃气调节旋钮及引火器上的调节螺钉，使引火器点火火焰形成直径为 3～4 mm 小火球，整个测定过程会自动进行。蜂鸣器响，告知本次测定完成。按"启动/停止"键，如果打印机设置为联机状态，测定结果由打印机输出。按"消除"键，为下一次测定做好准备。

② 显示屏背光灯：打开电源开关后，背光灯点亮；按"确认"键后，背光灯熄灭。如果需要背光灯点亮，按一下"启动/停止"键即可。

五、注意事项

1. 由于仪器有点火装置，操作在通风橱内进行为最好。防止外部气流吹灭点火火焰,以防造成测试误差。

2. 警惕火焰已灭,而可燃气体还大量向外散发。

3. 温度传感器是玻璃制品,使用时不要与其他物品相碰。测试传感器不应用手去压或抬,以免造成结构损伤。

4. 闪点传感器浸在样品中,则会造成测试误差大。

5. 每次换样品应保持开口杯干净,开口杯底部与加热炉之间要保持良好的接触面。

6. 开口杯装入样品要适当略低于刻度线(考虑样品随温度上升体积增大)。每次装入样品的多少,应尽量一致。

六、思考题

1. 开口法和闭口法测定闪点有哪些异同?

2. 两种方法测定闪点的注意事项有哪些?

实验十五　洗衣粉白度的测定

一、实验目的

1. 熟悉白度计的使用方法。
2. 掌握产品白度的测定方法及白度值的计算。

二、实验原理

白度,是指物质对照射过来的光进行反射后,作用于人眼所产生的印象,用来表示物质的光亮程度。

测定物质的白度通常以氧化镁为标准白度 100%,并定义它为标准反射率 100%,以相对蓝光照射氧化镁标准板表面的反射率来表示试样的白度。反射率越高,白度越高,反之亦然。

本实验用白度计以 D65 光源照射,经用标准白板校准白度计后,测得试样的三刺激值 X,Y,Z。由以下白度公式计算白度。

本标准采用国际照明委员会(CIE)于 1986 年公布推荐的中性白度公式为计算白度的公式,且必须与淡色调公式并用。

白度公式:

$$W_{10}(\text{或 } W_g) = Y_{10} + 800(x_{n,10} - x_{10}) + 1700(y_{n,10} - y_{10}) \tag{5-27}$$

淡色调公式:

$$T_{w,10} = 900(x_{n,10} - x_{10}) - 650(y_{n,10} - y_{10}) \tag{5-28}$$

$$x_{10} = \frac{X_{10}}{X_{10} + Y_{10} + Z_{10}} \tag{5-29}$$

$$y_{10} = \frac{Y_{10}}{X_{10} + Y_{10} + Z_{10}} \tag{5-30}$$

式中,W_{10}(或 W_g)——被测试样的白度;

$\quad T_{w,10}$——被测试样的淡色调系数;

$\quad x_{n,10}, y_{n,10}$——完全反射漫射面对 10° 标准观察者的色品坐标值。对于 10° 视场 D65 光源,$x_{n,10} = 0.3138, y_{n,10} = 0.3310$;

$\quad x_{10}, y_{10}$——被测样品对 10° 标准观察者实测结果计算得到的色品坐标值;

$\quad X_{10}, Y_{10}, Z_{10}$——测得样品的三刺激值。

应用上述公式的 W_g 和 $T_{w,10}$ 应在如下范围内:

$$40 < W_g < 5Y - 280$$

$$-3 < T_{w,10} < +3$$

三、主要技术参数

照明/观测条件:0/d 条件

标准照明体:D65 标准照明体

标准观测者:10°视场

测试孔径:$\Phi15\,\text{mm}$

试样尺寸:直径 $\Phi>10\,\text{mm}$,厚度$<40\,\text{mm}$

示值精度:x,y 0.0001,其余 0.01

稳定度:零点漂移$\leqslant$0.1,示值漂移$\leqslant$0.2

测量准确度:(白度)$W\leqslant1.0$

测量重复度:(白度)$W\leqslant0.2$

电压及功耗:220 V$\pm$22 V,50 Hz,23 W

工作温度:0$\sim$40 ℃

仪器尺寸:300 mm$\times$330 mm$\times$280 mm

仪器重量:4.8 kg

四、实验装置

WSD-3C 全自动白度计结构如图 5-36$\sim$5-38 所示。

1. 仪器正面

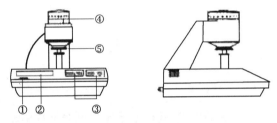

图 5-36 仪器结构图

① 主机部分 ② 液晶显示器 ③ 操作键盘 ④ 光学测试头 ⑤ 反射样品测试台

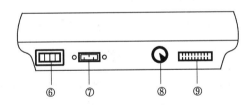

图 5-37 仪器接口

⑥ 电源开关 ⑦ 电源线插座 ⑧ 保险管 ⑨ 打印机及通讯接口

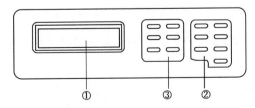

图 5-38 仪器操作面板

① 液晶显示说明 ② 操作按键部分 ③ 编辑按键部分

2. 操作面板说明

（1）编辑键部分：由六个键组成，其作用是对用户设定的各种参数进行修改和输入新的参数，见图 5-39。

① ←键：光标向左移动，编辑数据时用来移动欲修改的数字位。

② →键：光标向右移动，编辑数据时用来移动欲修改的数字位。

③ ＋增加键：使修改的数值加一。

④ －减小键：使修改的数值减一。

⑤ 下页翻页键：显示下一屏（页）内容。

⑥ 编辑编辑键：进入编辑或退出编辑部分。

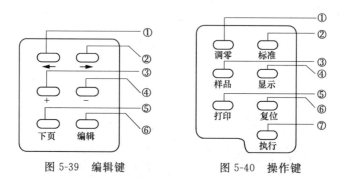

图 5-39　编辑键　　　　图 5-40　操作键

（2）操作键部分：由七个按键组成，其作用是操作仪器进行调零、调白、测量、显示、打印输出测量结果，见图 5-40。

① 调零调零键：按下此键，进入准备调零状态。

② 标准调白键：按下此键，进入准备校对标准（调白）状态。

③ 样品测试键：按下此键，仪器进入准备测量样品状态。

④ 显示显示键：样品测量后，按下此键显示测量结果。连续按此键，可显示所有被要求输出的测量结果。

⑤ 打印打印键：样品测量后，按下此键打印测量结果，还可以与计算机通讯。

⑥ 复位复位键：按下此键，仪器恢复准备测量样品状态。

⑦ 执行执行键：在调零、标准（调白）、测量样品等准备状态下按下此键，则进行各项操作。

五、实验步骤

1. 开机

液晶显示：

> KANGGUANG
> WSD-3C 白度计

仪器面板上的七个红色发光二极管闪烁大约 15 秒钟,然后仪器发出蜂鸣声,自动进入调零状态。

2. 调零操作

当仪器液晶显示器显示:

> 调零
> 请放黑筒　按[执行]键

并且调零指示灯 调零 亮时,可进行调零操作。左手把测试台轻轻压下,右手将调零用的黑筒放在测试台上,对准光孔压住,按 执行 键仪器开始调零,显示:

> 正在调零

当仪器发出蜂鸣声时,提示调零结束,进入调白操作。

3. 调白操作

调零结束后,仪器显示:

> 调白
> 　请放白板　按[执行]键

同时 标准 灯亮,提示可进行校对标准(调白)操作。这时将黑筒取下,放上标准板,对准光孔压住,按 执行 键,仪器开始调白。液晶显示:

> 正在调白

当仪器发出蜂鸣声时,仪器调白结束,进入允许测试状态(测量样品)。

4. 测量样品

调白结束后,仪器显示:

> 测量样品
> 　请放样品　按[执行]键

同时 样品 灯亮,提示可进行样品测量。将准备好的目标样品放在测试台上,对准光孔压住,直接按 执行 键即可测定其白度值。当按下 执行 键后,仪器显示:

> 测量样品
> 　　　　　第 1 次

表明进行第一次测试,当蜂鸣器响时,指示测试结束,显示:

> 测量样品　　　　第 1 次
> 　　　　显示/打印

如果再次按下 执行 键,则仪器再次进行测试,显示的测量次数为"2",以此类推,最多可测量 9 次。其测试的结果将与上几次测试的结果做算术平均值运算,直到按下

[显示]键显示测量结果,这个测量结果为所测次数的总平均值。连续按[显示]键可显示所有数据。

按[打印]键,如已经连接好打印机可直接打印出显示的测试结果(或已与计算机连接,可把测量结果发送给计算机)。传输过程中按任意键可以返回,仪器显示:

```
正在打印
按任意键返回
```

然后,自动回到显示数据状态。

5. 继续测量样品

按[复位]或[样品]键,仪器都可以回到测量样品状态。

```
测量样品
请放样品,按[执行]键
```

6. 测量完毕

取下被测样品,清理测试压孔,关闭电源。

六、数据记录和处理

附录

仪器显示的各种白度的数学关系式

本白度仪提供了 CIE XYZ 表色系统,同时,根据中国国内不同行业和计量部门对白度标准的要求,提供了 6 种常用白度公式。

1. XYZ 表色系统

X, Y, Z 是仪器直接测得的试样三刺激值。

X, Y, Z 三刺激值是由 CIE1964（10°）表色系统规定的,成为计量所有 CIE 表色系统及白度值等颜色值的基础参量。

2. CIE86 白度

CIE86 白度是 CIE 白度委员会在 1983 年正式推荐、1986 年正式公布出版的白度公式(又称为甘茨白度)。其特点是:以物体颜色三刺激值为依据作计算,颜色的三刺激值性质决定了对白度的贡献。它们的等白度表面是色空间的同一平面,其公式是线性的。白度方程式如下:

$$W_g = Y + 800 \times (x_n - x) + 1700 \times (y_n - y)$$
$$T_w = 900 \times (x_n - x) - 650 \times (y_n - y)$$

式中 W_g 为白度值;T_w 为淡色调指数;Y, x, y 为测得试样的值;x_n, y_n 是在 10° 视场下,D65 光源的色品坐标值:

$$x_n = 0.3138, \quad y_n = 0.3310$$

CIE 推荐说明:白度公式提供的是白度的相对评价而不是绝对评价。对明显色调的样品,使用 CIE86 公式是没有意义的。应用上述公式,它的 W_g 值和 T_w 值应落在如下的极限范围内：

$$-3 < T_w < +3, \quad 40 < W_g < 5Y - 280$$

3. R457 白度

R457 白度是一个简易的白度表示方法。在国际标准 ISO2470 纸张漫反射比的测量以及我国纸张、塑料等行业中都曾采用 R457 白度（又称为蓝反白度）。它规定用近似的 A 光源照明，白度仪器的总体有效光谱灵敏度曲线的峰值波长在 457 nm 处，半波宽度为 44 nm。因为一般白色样品反射率的曲线比较简单，其白度反映在短波蓝区部分最为灵敏，仪器简单，方法易行，所以有些行业至今仍在应用。一般三刺激值色度仪器在 D65/10°条件下，利用测量的 Z 值获得 R457 白度值也是完全可以的，它的转换方程式是

$$W_r = 0.925 \times Z + 1.16$$

式中 W_r 代表 R457 白度值，Z 是试样的测量值。

4. Hunter 白度

采用 HunterLab 色系统的测量值 L, a, b 参量进行计算：

$$W_h = 100 - [(100 - L)^2 + a^2 + b^2]^{1/2}$$

式中 W_h 表示 Hunter 白度值。

5. GB5950 白度

GB5950《建筑材料与非金属矿产品白度测量方法》是中国国家建材行业制定的白度测试方法标准，该标准要求的白度计算公式如下：

$$W_j = Y + 400x - 1000y + 205.5$$

式中 W_j 是 GB5950 白度值；Y, x, y 是 D65 光源、10°视场条件下的测量值。

6. GB1530 白度

GB1530 是中国日用陶瓷行业制定的白度测量方法标准，该标准要求根据物体的测量值的色调区分白度值为蓝白度或黄白度，计算公式如下：

$$\text{WTY} = Y + 818x - 1365y + 195 \quad 135° \leqslant H° \leqslant 315°$$
$$\text{WTB} = Y - 250x + 3y + 77.5 \quad 135° < H° < 315°$$

式中 WTY 是黄白度值；WTB 是蓝白度值；H 是根据物体的测量值计算出的色调角；Y, x, y 是 D65 光源、10°视场条件下的测量值。

7. Stensby 白度

$$W_s = L - 3b + 3a$$

8. Stephansen 白度

$$W_p = 2.0817Z - 1.3011x$$

实验十六　化工产品中微量水分的测定

一、实验目的

1. 了解及学习 WS-2 型微量水分测定仪的工作原理及注意事项。

2. 学会操作 WS-2 型微量水分测定仪,并应用此仪器实际测定待测样品中的水含量。

二、实验原理

WS-2 型微量水分测定仪是通过库仑仪与卡尔-菲休法有效结合,并且应用电量法测定水分的新型仪器。卡尔-菲休法所用试剂溶液是由碘、充有二氧化硫的吡啶和甲醇混合而成。卡尔-菲休试剂与水的反应如下:

$$I_2 + SO_2 + 3C_5H_5N + H_2O \longrightarrow 2C_5H_5N \cdot HI + C_5H_5N \cdot SO_3$$

$$C_5H_5N \cdot SO_3 + CH_3OH \longrightarrow C_5H_5N \cdot HSO_4CH_3$$

由上式可以看出,参加反应的碘分子数等于水分子数。把待测试样注入卡尔-菲休试剂中,试样中的水分即参加反应。依据法拉第定律,通过电解,在阳极上形成的碘同电荷数成正比($2I^- - 2e \longrightarrow I_2$),于是可间接通过电解相同数量 I_2 所用的电量来获得碘的消耗量。经仪器计算,在显示屏上可直接显示被测试样中水的含量。

该仪器采用电解电流自动控制系统。电解电流的大小可根据样品中水分的含量进行自动选择,最大可达到 300 mA。在电解过程中水分逐步减少,电解电流也随之按比例减小,直到相应的滴定终点控制回路开启。这一系统保证了分析过程的高精度、高灵敏度和高速度。另外,在做实验过程中,难免还会引进一些干扰因素,如从空气中侵入的水分,使电解池吸潮,而产生空白电流。但是,由于仪器具有自动扣除空白电流的功能,所以在数字显示器上所显示的数字就是样品中真正的水含量。

该仪器的方框图见图 5-41,电解电流曲线、测量电极电位曲线见图 5-42。

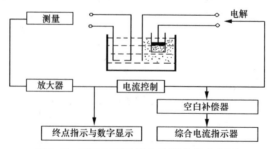

图 5-41　WS-2 型微量水分测定仪方框图

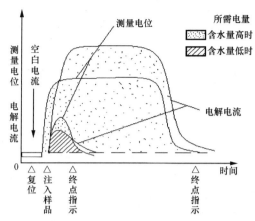

图 5-42　电解电流曲线和测量电极电位曲线

　　图 5-42 中所示的自动滴定曲线,当含水量低时,所需要的电解电流小,含水量高时,所需要的电解电流大,最大 300 mA。此外,电解电流包括样品注入以前按启动开关时所储存的空白电流。从总的电流中减去空白电流就是纯电解电流,也就是样品中真实水分量所需要的电解电流。当电解电流减小到所储存的电流值时,终点到达,并以终点指示灯亮及蜂鸣器断响来告知分析结束。

三、主要技术指标和工作条件

显示系统:四位十进制数字

读出单位:$\mu g \ H_2O$

电解电流输出:0～300 mA 自动控制

测定范围:10 μg～30 mg

灵敏度:1 $\mu g \ H_2O$

精确度:10 μg～1 mg±5 μg,对于 1 mg 以上,转换为 0.5% 不含进样误差

电源:交流 220 V±22 V,50 Hz

功率消耗:小于 40 W

使用环境温度:5～40 ℃

使用环境湿度:≤85%

外形尺寸:320 mm×310 mm×160 mm

质量:约 8.5 kg

四、实验装置

　　仪器主要由主机、电解池、磁力搅拌器三部分组成。主机与磁力搅拌器装在同一底座上,使用时电解池放在磁力搅拌器的夹持器中。

1. 主机与磁力搅拌器

其外形见图 5-43。

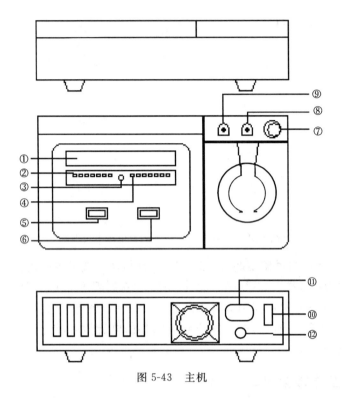

图 5-43　主机

各部位名称及用途如下：

（1）LED（数字显示器）：用来显示被测样品中的水分量，单位为 μg H_2O。

（2）"DET"（测量电极电位）：指示样品中水分含量的大小，可由电位指示器指示出来。如果水分含量较大，可指示在 $1\sim10$ V 之间，接近终点时下降到零。

（3）"END"（电解终点指示灯）：当样品中的水分被全部电解后，电解终点到达，此时电解终点指示灯亮，蜂鸣器发出间断响声，数字显示器所显示的数字便是样品中的水分量。

（4）"TITR"（电解电流批示）：在 300 mA 的全量程上，指示电解电流的大小，随着样品中含水量的多少不同，显示的电解电流便不同。当电解终点到达以后，所显示的电流即是空白电流值。

（5）"电解"（电解电流开关）：控制电解电流的通断，实验时，一般置于"开"的位置。

（6）"启动"（启动开关）：每一样品注入前，首先要按动"启动"开关。此时，显示器上的数字便恢复到 0，同时空白电流被储存起来，样品就可以注入电解池中，样品中的水分即进行自动电解（电解电流开关应在"开"的位置上），直到水分被电解完后，数字显示器显示的数字，就是样品中实际水分的数值。

（7）搅拌器速度调整旋钮：调整搅拌速度。

（8）电解电极插座：电解电极插头插入该座。

（9）测量电极插座：测量电极插头插入该座。

（10）电源开关：此开关用于接通仪器的电源，当开关置于"开"时，仪器开启。

（11）电源插座：用来接通 220 V、50 Hz 市电。

（12）保险丝:本仪器所使用的保险丝为小型 1 A。

2. 电解池

电解池装有电解电极和测量电极,以及干燥管、进样旋塞、搅拌棒。它分为阴极室与阳极室,阴极室下面装有一片特殊陶瓷板,该板能使电解液不易扩散,并能通过较大的电流。其结构详见图 5-44。

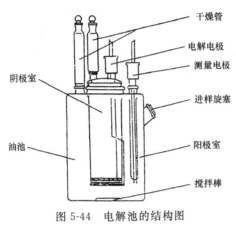

图 5-44　电解池的结构图

五、实验步骤

1. 仪器的自校

检查好 220 V 交流电源,确认无误后,即可打开电源、电解开关,进行下面的自校:

（1）短接电解插座两簧片,电解、测量指示都应为最大,并且计数。

（2）短接测量插座两簧片,电解、测量指示都应为 0,并且不计数。

符合上述两条,说明主机工作正常。

2. 电解池的清洗和干燥处理

使用前,电解池里所有藏污部位都应该清洗干净。清洗后放在大约 20 ℃的烘箱内干燥 1 小时,然后使其自然冷却。清洗电解电极和测量电极要用丙酮、甲醇或者其他溶剂。注意:这两对电极绝对不能用水清洗,否则,在测量样品水分过程中会造成测量误差。

电解池处理好后,把搅拌棒放入阴极室中,然后夹在搅拌器的夹持器上,再分别把电解电极、测量电极、干燥管、进样用的旋塞的磨口处,涂上一点真空脂,装到相应的部位上,再轻轻转动一下,使其较好地密封。

完成上述工作后,取下阴极室的干燥管,将约 100～120 mL 的电解液注入阳极室,再取下阴极室上的干燥管,将约 5 mL 的电解液注入阴极室,阴阳极室的液面要基本水平,把两支干燥管放回原来的位置,并将两插头分别插入电解、测量插座中。电解液装入工作最好在通风橱内进行。

3. 空白电流的清除

仪器通电后,调整搅拌速度,使阳极溶液形成旋涡,但溶液不能溅到电解池壁上,此时,测量电极电位可指示出水分量的多少。将电解电流开关置于"开"的位置,电解电流应该有指示;若无电解电流指示,则说明阳极溶液中含有过量碘。如果发现过量碘情况,即可在阳极溶液中加入适量的平衡溶液(甲醇或纯水)直到电解电流有指示,数字显示器也相应开始计数。由于电解产生碘,所以随着剩余水分的降低,测量电极电位指示首先趋向于零,电解电流也随后相应地减小到空白电流值,直到电解终点指示灯亮,蜂鸣器断响。此时说明仪器达到初始平衡点(若电解电流还有指示,则为空白电流)。如果空白电流大于 4 mA 或者电流不稳定,则是电解池的内壁上附有水分。出现这种情况,可将电解电流开关置向"关",把电解池从夹持器上取下,缓慢地使其倾斜旋转,以便使池壁上的水分被电解液吸收。然后重新把电解池放到夹持器上,开通电解电流开关继续电解。这一步骤,反复进行几次,一般空白电流可以逐渐降低到大约零点上。按照上述的方法进行几次操作后,如空白电流还不能降低或者是在 10 mA 以下,不能稳定,可在阳极溶液内加入约 1 mL 的四氧化碳。当指示到 4 mL 时,只要空白电流稳定,可以进行测定。当对测量精度有特殊要求或对很微量的水分进行测定时,空白电流最好低于 1 mA。

4. 仪器的标定

当仪器达到初始平衡点而且比较稳定时,即可进行仪器的标定。仪器用标有水分含量值的甲醇或乙二醇、甲醚标定为最佳;也可用 0.5 μL 进样器,注入纯水来标定仪器。当注入 0.1 μL 去离子水时,显示数字应为(100±10)μg。一般标定 2~3 次,显示数字在误差范围之内,就可进行样品的测定了。

5. 液体样品中水分的测定

(1)首先将带针头的注射器(1 mL)用被测样品冲洗 2~3 次,然后再吸入一定量的样品,为注样做好准备。

(2)样品采好以后,按一下主机上的启动开关,电解终点指示灯熄灭,数字显示器恢复到"0"。

(3)把样品通过进样旋塞注入电解池中,样品注入后,电解自动开始。

(4)测定结束时,电解终点指示灯亮,蜂鸣器响,通知测定结束。数字显示器所显示数字便是样品中的水分量。测定结果是以微克水(μg H_2O)来表示的。样品中水分的含量由以下关系式来计算:

$$含水量(ppm) = \frac{所测结果(μg\ H_2O)}{样品重量(g)} = \frac{所测结果(μg\ H_2O)}{试样的比重(g/mL) \times 试样的体积(mL)}$$

6. 气体样品中的水分测定

气体分析操作过程与液体样品相同,这里只涉及采样方法。为了使气体中的水被电解液吸收,必须使用一种能控制样品随时可注入电解池的连接器,如图 5-45 所示。

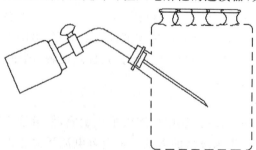

图 5-45　气体样品容器与电解池连接示意图

在测定气体样品中的水分时,阳极室须注入大约 150 mL 的电解液,以保证气体中的水分充分被吸收,同时气体的流速应控制在大约 0.5 L/min 左右。如果在测定过程中,阳极室中的电解液明显减少,应注入大约 20 mL 的乙二醇补充。

六、注意事项

1. 电解液的使用

(1) 在正常的测定过程中,每 100 mL 电解液可与不小于 1.5 g 的水进行反应。若测量时间长,电解液敏感性下降,应更换新鲜的电解液。

(2) 阴极室中的电解液,如果在电解过程中发现强烈释放出气泡或电解液被污染成淡红褐色,此时空白电流会增大,测量的再现性也要降低,同时,还会使到达终点的时间延长,这种情况也应尽快更换电解液。

(3) 电解时间超过半小时,仪器尚不能稳定,此时降低搅拌速度并看特殊陶瓷板下部阳极上是否有明显的棕色碘产生,如果没有,或产碘很少,则应更换电解液。

2. 进样要求与进样量

(1) 样品注入电解池时,针头应插入液面,但是应避免同电解池壁或电极接触。

(2) 仪器的进样量从 10 mg 至 20 mg。为了得到准确的测定结果,进样量应同它的含水量相一致。进样量可参考下表:

水分含量	样品质量
100%	大约 10 mg
50%	10 mg～20 mg
10%	10 mg～100 mg
1%	10 mg～1 g
0.1%	10 mg～10 g
0.01%	100 mg～20 g
0.001%	1 g～20 g
0.0001%	10 g～20 g

3. 仪器的工作、存放环境不能有腐蚀性气体,要避免阳光直射。所用 220 V 电源,最好接有交流稳压器。

七、实验数据记录和处理

温度:_____℃

待测样品名称	
待测样品比重(g/mL)	
进样体积(mL)	
所测结果(μg H_2O)	
所测样品含水量(ppm)	

参考文献

[1] 王建成，卢燕，陈振.化工原理实验[M].上海：华东理工大学出版社，2007.
[2] 徐伟.化工原理实验[M].济南：山东大学出版社，2008.
[3] 张金利，张建伟，郭翠梨，胡瑞杰.化工原理实验[M].天津：天津大学出版社，2005.
[4] 魏静莉，主编.化工原理实验[M].北京：国防工业出版社，2003.